物理／1年

光・音・力のつりあい

[　　月　　日]

入試重要ポイント TOP3

実像	振動数	力のつりあい
凸レンズを通った光が1点に集まってできた像。	1秒間に振動する回数。単位はヘルツ(記号 Hz)。	静止している物体にはたらく力はつりあっている。

1 凸(とつ)レンズのはたらき

(1) **実像**……物体が焦点(しょうてん)より外側にあるとき，凸レンズを通った光は1点に集まり，スクリーン上に像ができる。このとき，できる像は**上下左右が逆向き**になる。

(2) **虚像(きょぞう)**……物体が焦点より内側にあ［…］物体の反対側から凸レンズを見ると［…］体より大きな像が見える。このとき，［…］は物体と**同じ向き**に見える。
↳虚像はスクリーンにうつらない

2 音の大きさと高さ

1回の振動
振幅

(1) **音の大きさ**……音が大きいほど振幅(しんぷく)が大きい。

(2) **音の高さ**……音の高さが高いほど振動数(1秒間に振動する回数)が多い。振動数の単位はヘルツ(記号 Hz)。

3 力のつりあい

(1) **力のつりあい**……1つの物体に2つの力がはたらいていて，その物体が静止しているとき，「2力がつりあっている」という。
↳3力以上でも，静止していれば力がつりあっている

(2) **力がつりあう条件**

・2力が一直線上にある。
↳力の方向に引いた直線を，作用線という

・2力の大きさが等しい。

・2力の向きが反対である。

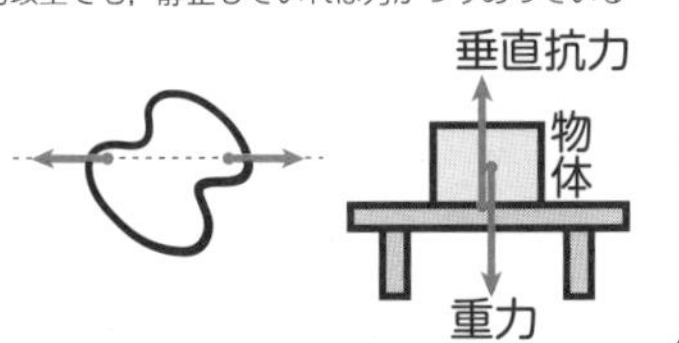

入試得点アップ

凸レンズの光の進み方

光軸(こうじく)に平行に入射した光は，焦点を通るように屈折(くっせつ)する。

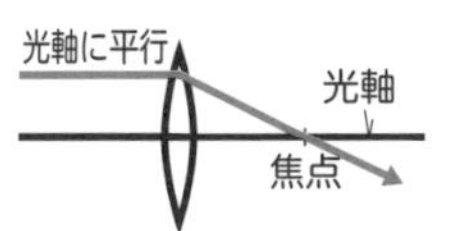

凸レンズの中心を通るように入射した光は，そのまま直進する。

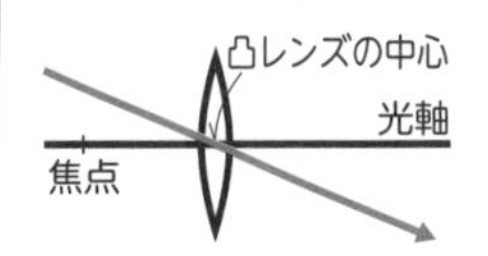

凸レンズの焦点を通って入射した光は，光軸に平行に進むように屈折する。

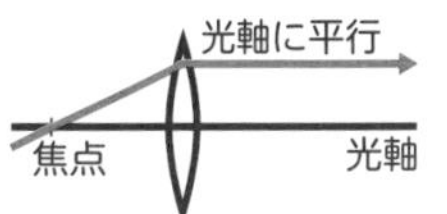

サクッと確認

問題	答え
① 虫眼鏡のように中心がふくらんだレンズを何といいますか。	① 凸レンズ
② 光軸に平行な光が①を通ったあと，屈折して集まる点を何といいますか。	② 焦　点
③ 空気中で音が伝わるのは，空気が音の何を伝えるからですか。	③ 振　動
④ 2力がはたらいている物体が静止するとき，2力はどうなっていますか。	④ つりあっている

[　月　日]

やってみよう!入試問題

解答p.2

目標時間 10 分　　分

1

光源，凸(とつ)レンズ，スクリーン，光学台を使って，図1のような実験装置を組み立てました。光源の位置は変えずに，凸レンズとスクリーンを動かしました。また，図2のように光源にフィルターをとりつけ，スクリーンにうつる像を調べました。このとき，次の問いに答えなさい。

〔埼玉－改〕

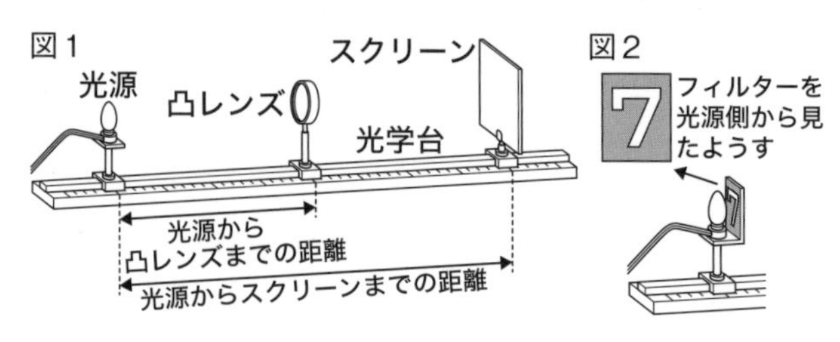

(1) 図3は，上の実験において，光源のP点を出て凸レンズのQ点に進んだ光の道筋を模式的に示したものです。P点からQ点に進んだ光は，その後，どのように進みますか。その光の進む道筋として最も適切なものを，図3の**ア**～**エ**から1つ選び，記号で答えなさい。ただし，光は，図3の点線で示された凸レンズの中心線で1回屈折(くっせつ)するものとして示しています。

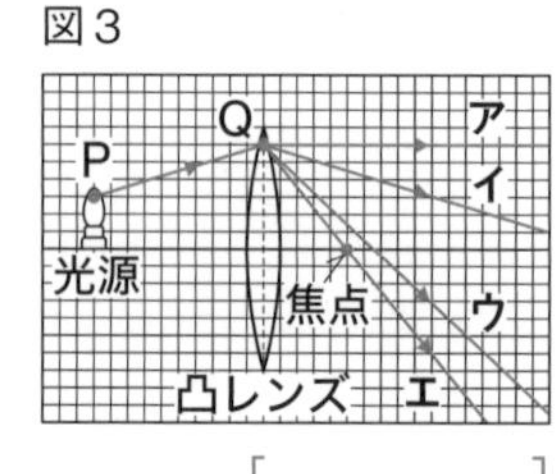

[　　　]

(2) 図2の実験において，スクリーンに像をうつしました。光源側から見たスクリーンにうつる像として最も適切なものを，右の**ア**～**エ**から1つ選び，記号で答えなさい。

[　　　]

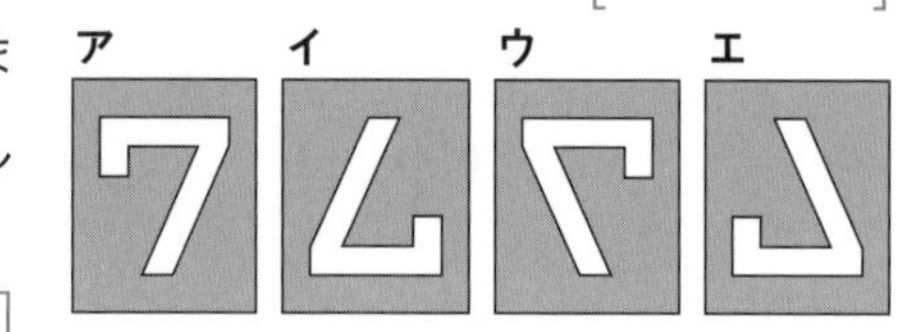

2

図1のように，おんさAをたたき，出た音をマイクロホンでオシロスコープに入力する実験を行いました。
図2は，図1の実験結果のオシロスコープの画面を模式的に表したものです。次の問いに答えなさい。

〔三重－改〕

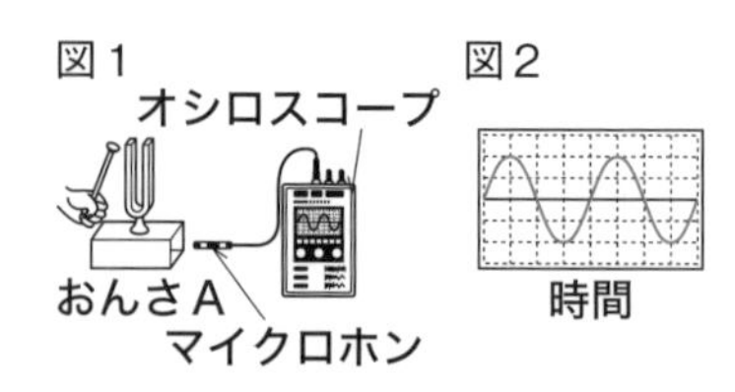

(1) 図2について，振幅(しんぷく)を表している矢印(←→)はどれですか。図3の**ア**～**エ**から最も適当なものを1つ選び，記号で答えなさい。

[　　　]

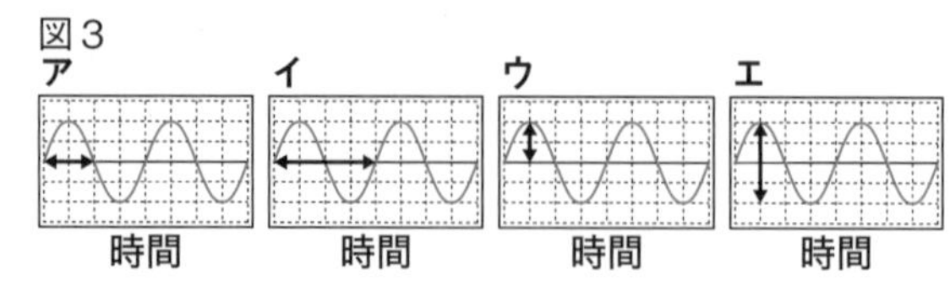

(2) 図1の実験のときとはたたく強さを変えておんさAをたたくと，オシロスコープの画面は図4のように表示されました。たたく強さをどのように変えましたか。ただし，図4の縦軸(たてじく)および横軸の1目盛りの大きさは図2と同じものとします。

[　　　]

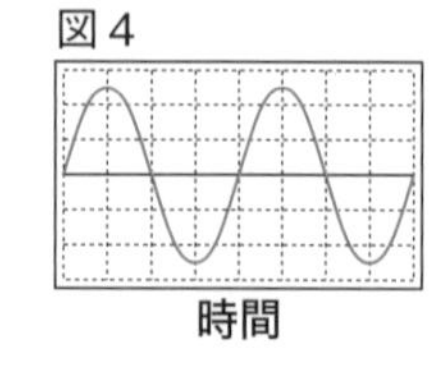

下のココ注意!を見よう!

ココ注意! 同じおんさなら，たたく強さを変えても振動数は変わらない。

[　　月　　日]

物理／2年

2 電流とそのはたらき

入試重要ポイント TOP3

オームの法則	電　力	電子の流れる向き
回路の抵抗を流れる電流は，電圧に比例する。	1秒間に使われる電気エネルギーの大きさを表す量。	電流の流れる向きと電子の流れる向きは，逆である。

1 回路と電流・電圧

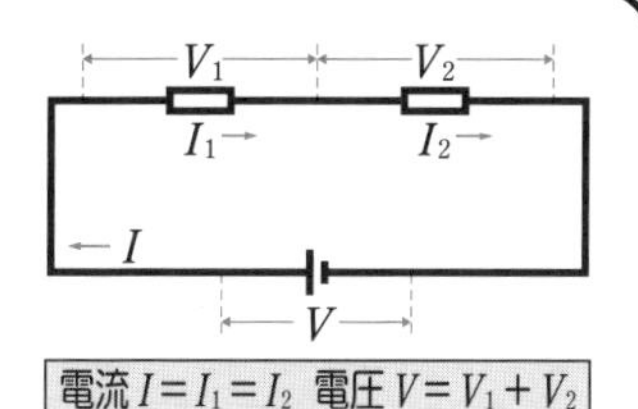

電流 $I=I_1=I_2$　電圧 $V=V_1+V_2$

(1) **直列回路**……回路を流れる電流の大きさは，どの点でも等しい。回路の各抵抗(ていこう)に加わる電圧の和は，回路全体の電圧と等しい。

↳電流の通り道が1本になっている回路

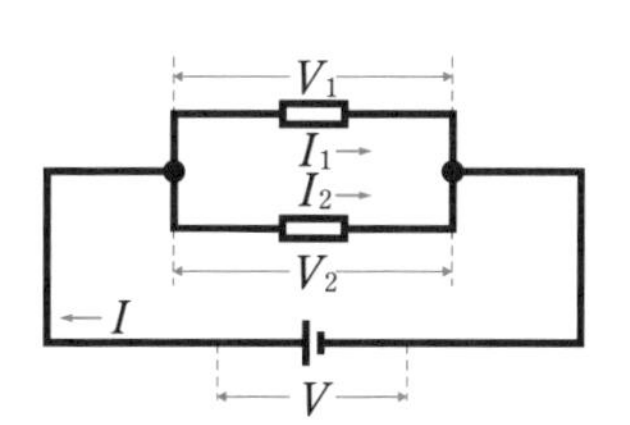

電流 $I=I_1+I_2$　電圧 $V=V_1=V_2$

(2) **並列(へいれつ)回路**……回路の各抵抗を流れる電流の和は，回路全体に流れる電流の大きさと等しい。回路の各抵抗に加わる電圧は，電源の電圧と等しい。

↳電流の通り道が2本以上に枝分かれしている回路

↳電流計ではかる

↳電圧計ではかる

2 電流と電圧の関係

(1) **オームの法則**……電流〔A〕＝電

(2) **電力**……1秒間に使われ　　の大きさを表す量。

電力の単位はワット(記号〔W〕)

電力〔W〕＝電圧〔V〕×電流〔A〕

3 電流の正体

(1) **電子と電流**……電流の正体は電子の流れである。

↳－の電気を帯びた小さな粒子

(2) **放射性物質**……放射線を出す物質。

↳α線，β線，γ線，X線など

入試得点アップ

電流計と電圧計の使い方

① **電流計の使い方**

電流計は回路に直列につなぐ。はじめは，5Aの－端子(たんし)につなぎ，針の振(ふ)れが小さいときは，500 mAや50 mAの－端子につなぎかえる。

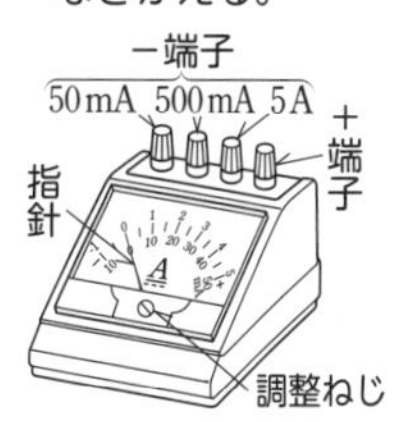

② **電圧計の使い方**

電圧計は回路に並列につなぐ。はじめは，300 Vの－端子につなぎ，針の振れが小さいときは，15 Vや3 Vの－端子につなぎかえる。

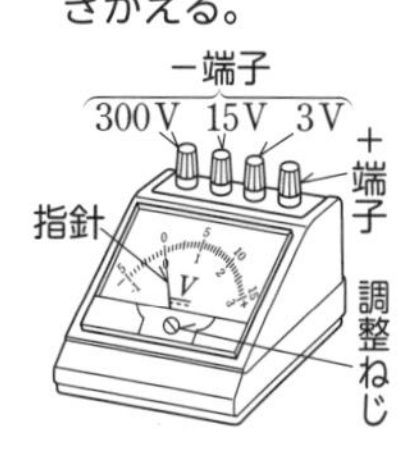

サクッと確認

① 回路の各抵抗に加わる電圧の和が回路全体の電圧と等しい回路は，直列回路と並列回路のどちらですか。　① 直列回路

② 抵抗の単位は何ですか。　② オーム(Ω)

③ 電流を I，電圧を V，抵抗を R として，電圧を求める式を書きなさい。　③ $V=R\times I$

④ 電力を W，電流を I，電圧を V として，電力を求める式を書きなさい。　④ $W=V\times I$

⑤ 電流の正体は何の流れですか。　⑤ 電子(の流れ)

[　　月　　日]

やってみよう!入試問題

解答p.2

1

抵抗を流れる電流や，抵抗で消費する電力について調べるために，図に示すような，3.0 V の電源に 300 Ω の抵抗１，200 Ω の抵抗２を並列につないだ回路をつくりました。次の問いに答えなさい。　〔長崎－改〕

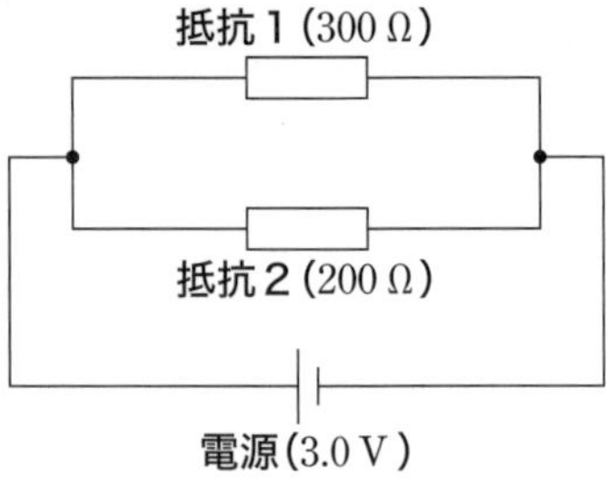

抵抗１(300 Ω)
抵抗２(200 Ω)
電源(3.0 V)

(1) 図の回路について，抵抗１に流れる電流とかかる電圧を測定するための回路図として，最も適当なものはどれですか。次の**ア**～**エ**から選びなさい。なお，電流計をⒶ，電圧計をⓋで表しています。

[　　　　]

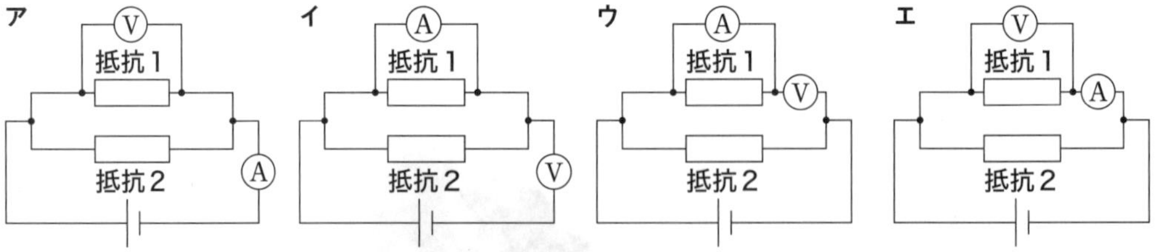

ア　イ　ウ　エ
(各図：抵抗１，抵抗２，Ⓐ，Ⓥ)

(2) 回路の抵抗１，抵抗２を流れる電流はそれぞれ何 A ですか。

抵抗１[　　　　]　抵抗２[　　　　]

(3) 回路の電源に流れる電流は何 A ですか。　[　　　　]

(4) 抵抗１と抵抗２を並列につないだ回路全体の抵抗は何Ωですか。

[　　　　]

(5) 回路の抵抗１，抵抗２で消費する電力はそれぞれ何 W ですか。

抵抗１[　　　　]　抵抗２[　　　　]

2

図のような蛍光板入りの真空放電管(クルックス管)を用いて，陰極線を発生させました。その陰極線に，ａを＋極，ｂを－極として電圧をかけると陰極線はａ側に曲がりました。この実験からわかることをまとめた次の文の①，②の(　)にあてはまるものを，それぞれ**ア**，**イ**から選びなさい。　〔長崎－改〕

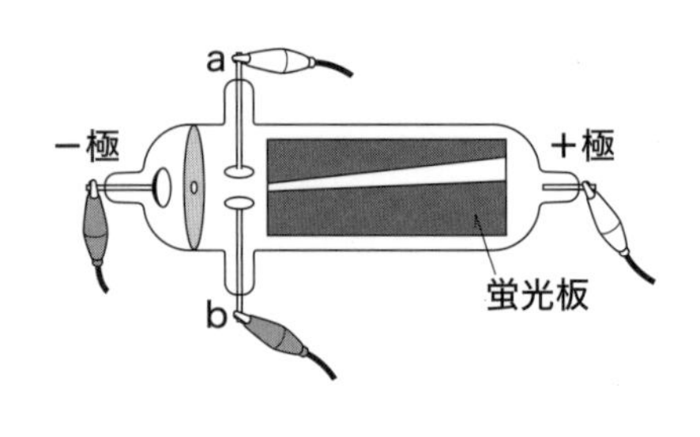

①[　　　　]　②[　　　　]

①(**ア**　電 流　　**イ**　電 子)の流れである陰極線が＋極であるａに引きよせられたので，①は②(**ア**　＋　　**イ**　－)の電気をもっていることがわかる。

電流の流れる向きと電子の流れる向きは，逆である。

3 物理／2年 電流と磁界

[　　月　　日]

入試重要ポイント TOP3

磁界の向き	電流と磁界	電磁誘導
N極から出てS極に向かう磁界が生じる。	電流の進行方向に対して，右まわりの磁界が生じる。	コイル内部の磁界が変化するとき，電圧が生じる。

1 電流と磁界

(1) **導線のまわりの磁界**……右ねじの進む方向に電流が流れると，ねじを回す向きに磁界（磁力のはたらく空間）が生じる。（電流が進む向きに対して右まわりの磁界が生じる）

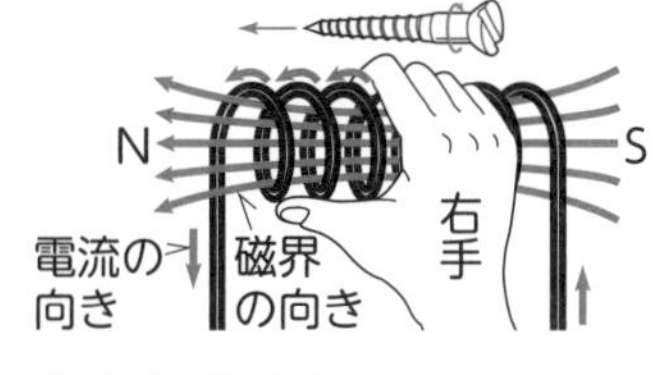

(2) **コイルのまわりの磁界**……コイルを流れる電流の向きに右手の4本の指を合わせると，親指のさす方向がコイル内部の**磁界の向き**（N極の方向でもある）となる。

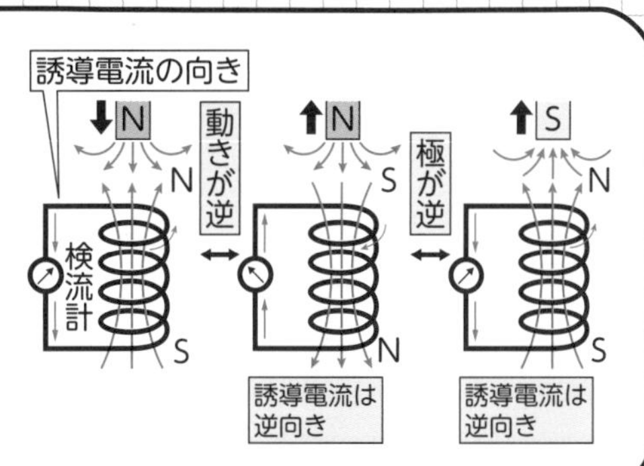

(3) **電流が磁界から受ける力**……磁界の中に電流を流すと，電流は磁界から**力**を受ける。

2 電磁誘導（でんじゆうどう）

★ **電磁誘導**（発電の原理）……コイル内部の磁界が変化すると電圧を生じる。このとき流れる電流を誘導電流という。

3 直流と交流

(1) **直流**……電流の向きと大きさが**一定**。

(2) **交流**……電流の向きと大きさが周期的に**変化**。

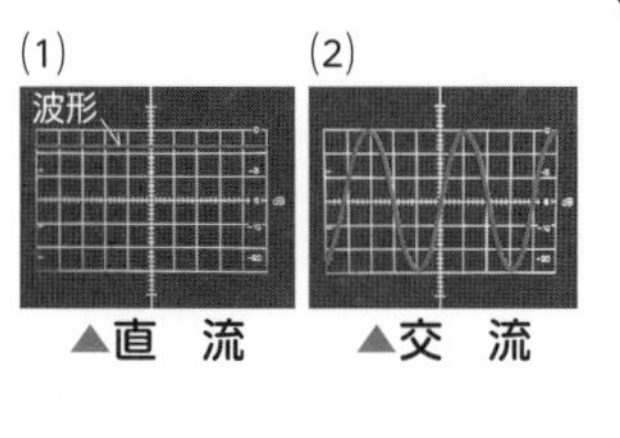

▲直　流　▲交　流

入試得点アップ

電流のまわりの磁界

電流の大きさが大きいほど強くなる。

電流が磁界から受ける力

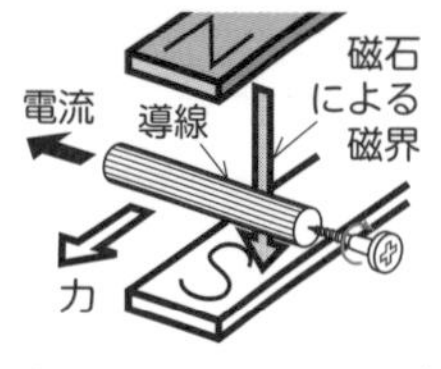

① 電流や磁界の向きが逆になると，力の向きも逆になる。

② 強い磁石に変えたり，電流を大きくすると，生じる力も強くなる。

誘導電流の向き

磁石の動き，磁石の極が逆になると，誘導電流が流れる向きも逆になる。

誘導電流を大きくする方法

① 強い磁石を使う。

② 磁石をはやく動かす。

③ コイルの巻き数をふやす。

直流と交流

① **直流**…乾電池（かんでんち）

② **交流**…コンセント

サクッと確認

① 磁石のまわりに生じている，磁力がはたらく空間を何といいますか。　① 磁　界

② ①の向きは，方位磁針の何極の向きで表されますか。　② N極(の向き)

③ コイルの中の磁界が変化して，コイルに生じる電流を何といいますか。③ 誘導電流

④ ③の電流が生じる現象を何といいますか。　④ 電磁誘導

⑤ 家庭でコンセントからとり出す電流は，直流と交流のどちらですか。　⑤ 交　流

[　　月　　日]

やってみよう!入試問題

解答p.3

目標時間 10 分

分

1

電池とコイル，抵抗(ていこう)の大きさがともに 18 Ω の抵抗器A，Bを用い，右の図のような装置を組みました。次に，スイッチ1を切った状態で，スイッチ2を入れ，磁界のようすを調べました。次の問いに答えなさい。〔山形〕

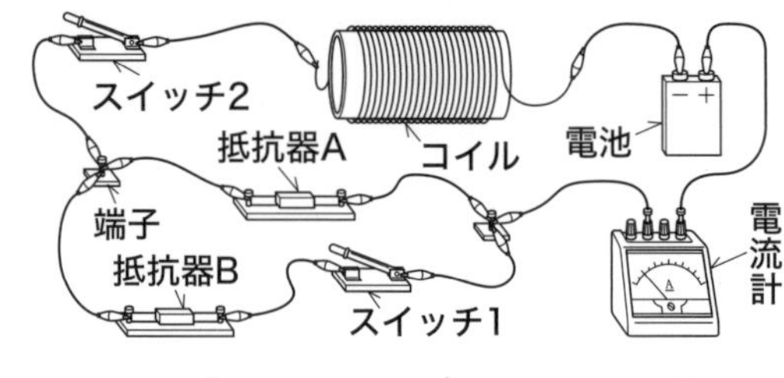

(1) 電流の向きを⟹，磁界の向きを⟶で表すとき，コイルを流れる電流がつくる磁界のようすを表した模式図として適切なものを，右のア～エから選び，記号で答えなさい。［　　］

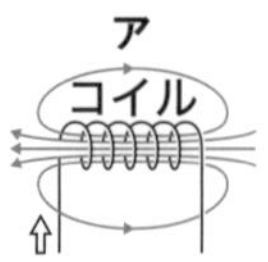

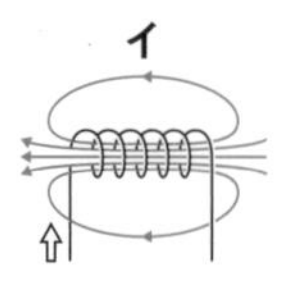

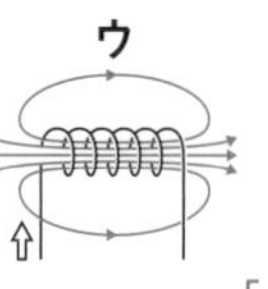

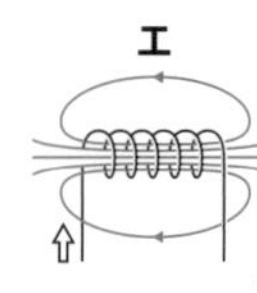

(2) 次に，スイッチ1，2の両方を入れると，コイルを流れる電流がつくる磁界は，スイッチ2だけを入れたときの磁界よりも強くなります。その理由を，抵抗，電流の2つの語を用いて，簡潔に書きなさい。

［　　］

2

右の図のような装置を用意し，手回し発電機のハンドルを矢印の向きに回したところ，コイルPはXの向きに動きました。次の問いに答えなさい。〔北海道〕

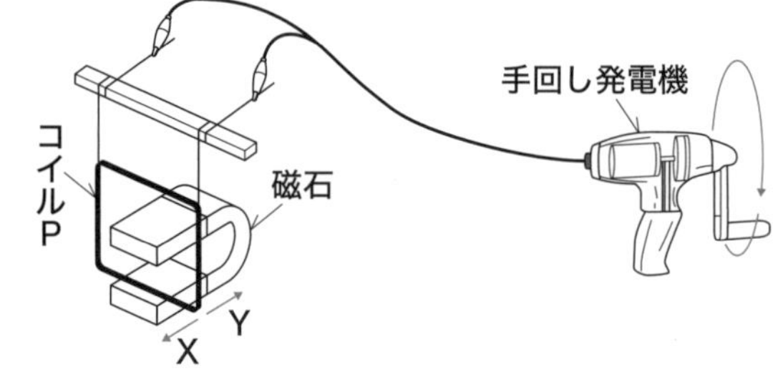

(1) 次の文の①，②の(　)にあてはまるものを，それぞれ**ア**，**イ**から選びなさい。

①［　　］　②［　　］

手回し発電機のハンドルを，矢印の向きと逆向きに回すと，コイルPは①(**ア**　X　**イ**　Y)の向きに動く。また，ハンドルを回す速さをよりはやくすると，コイルPの動き方は②(**ア**　より大きく　**イ**　より小さく)なる。

(2) 次の文は，手回し発電機で電流が発生する理由を説明したものです。説明が完成するように，[①]，[②]にあてはまる語句を，それぞれ書きなさい。

①［　　］　②［　　］

手回し発電機の中にはモーターがあり，ハンドルを回すことにより，モーター内のコイルが回転して，コイルの中の[①]が変化し，コイルに電流を流そうとする電圧が生じたからである。また，このときに流れる電流を[②]という。

コイルの内側と外側では，磁界の向きが逆になる。

4

物理／3年

水圧と浮力・力の規則性

[　　月　　日]

入試重要ポイント TOP3

水圧と浮力	力の合成と分解	力の平行四辺形
物体が水中で受ける上向きの力を浮力という。	合成した力を合力，分解した力を分力という。	力の平行四辺形では，合力は対角線で表される。

1 水圧と浮力（ふりょく）

(1) **水圧**……水の重さによって生じる圧力。あらゆる向きにはたらく。水の深さが深くなるほど大きい。（同じ深さでは同じ大きさ）

(2) **浮力**……物体が水中で受ける上向きの力。水中にある物体の体積が大きいほど浮力は大きい。（深さによって変化しない）重力と浮力の大小関係によって浮（う）き沈（しず）みが決まる。

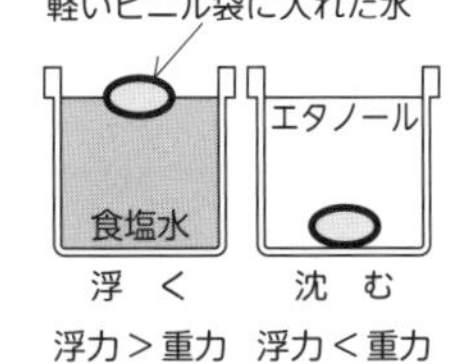

2 力の合成・分解

(1) **力の合成**……2力と同じはたらきをする**合力**にまとめること。

(2) **力の分解**……1つの力を，これと同じはたらきをする2つの力（**分力**）に分けること。

3 力の平行四辺形

(1) **合力**……平行四辺形の対角線で表される。対角線の方向に，対角線の長さに等しい大きさの合力がはたらく。

(2) **分力**……平行四辺形のとなりあう2辺で表される。

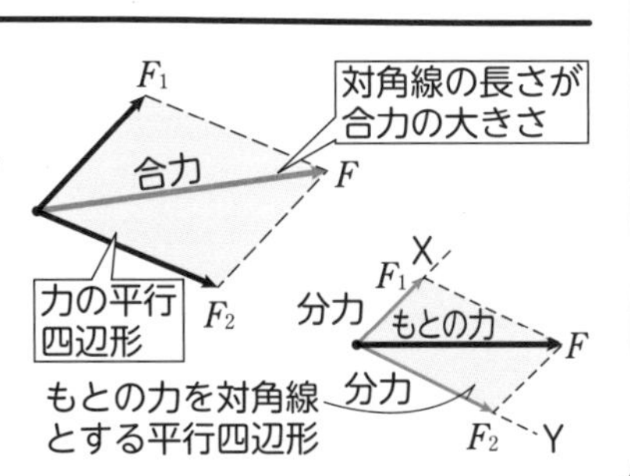

入試得点アップ

合力の求め方

① **同じ向きの2力**
合力Fの向きは2力と同じで，大きさは2力の和

O　B A　合力F

② **反対向きの2力**
合力Fの向きは大きいほうの力Aと同じで，大きさは2力の差

B　O 合力F　A

③ **角度をもってはたらく2力**
合力Fは2力を2辺とする平行四辺形の対角線

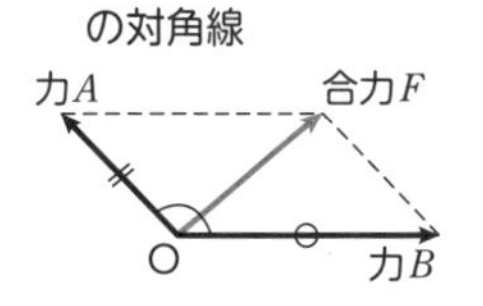

斜面上の物体にはたらく重力の分力

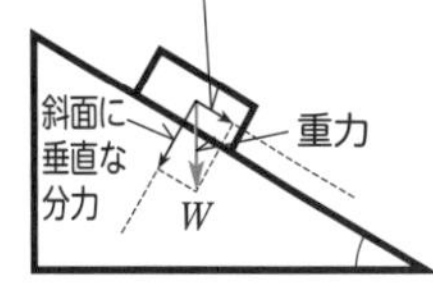

サクッと確認

① 水の重さによって生じる圧力を何といいますか。　① 水圧

② 物体が水中で受ける上向きの力を何といいますか。　② 浮力

③ 水中にある物体の体積が大きいほど，②の力はどのようになりますか。　③ 大きくなる

④ ある2力と同じはたらきをする1つの力を，何といいますか。　④ 合力

⑤ 角度をもってはたらく2力をとなりあう2辺とする平行四辺形とするとき，③の力は平行四辺形の何と等しくなりますか。　⑤ 対角線

[　　月　　日]

やってみよう!入試問題

解答p.3　目標時間 10 分　　分

1 金属の輪に3本の糸をつけ，それぞれの糸にばねと2本のばねばかりをとりつけたあと，ばねの端を固定しました。次に，2本のばねばかりで力 A と力 B を加え，金属の輪の中心が点Oにくるようにばねを引きのばし静止させ(図1)，力 A，力 B の大きさ(ばねばかりの値)を読みとりました。また，ばねばかりの値にあわせて力の矢印の長さの基準を決め，力 A，力 B の大きさにしたがって点Oから力の矢印を記入したところ，図2のようになりました。次の問いに答えなさい。〔沖縄－改〕

図1

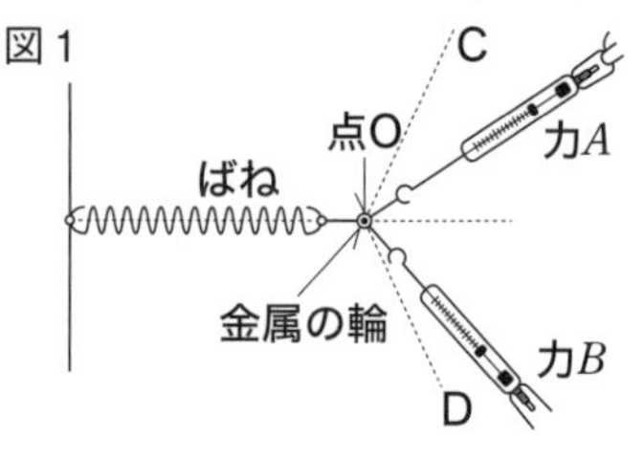

図2

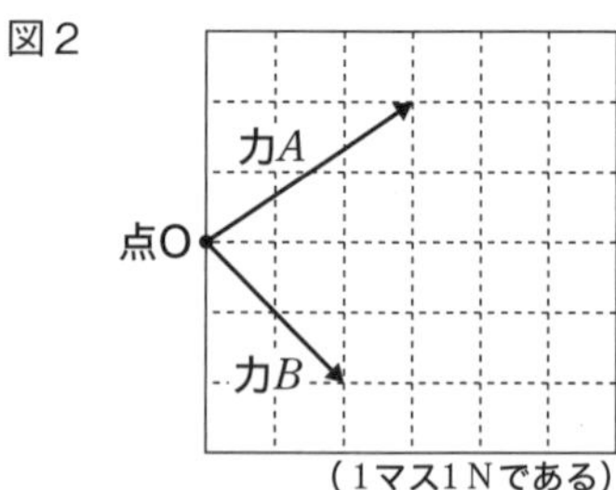

(1マス1Nである)

(1) 力 A と力 B の合力を図2に矢印で記入しなさい。

(2) 2本のばねばかりを引く向きを図1の破線C，Dの方向へ変えて，金属の輪の中心が点Oにくるようにしました。このときの結果についてまとめた次の文中の(①)にはあてはまる数値を，(②)，(③)には語句をそれぞれ答えなさい。ただし，図2の1マスは1Nとします。

①[　　　　] ②[　　　　　　] ③[　　　　　　]

ばねが金属の輪を引く力と，力 A と力 B の合力はつりあっており，その力の大きさは(①)Nである。また，図1と比べて力 A と力 B の大きさは(②)なることから，できるだけ小さな力で金属の輪の中心が点Oにくるようにするには，力 A と力 B の間の角度を(③)すればよいとわかる。

2 図1のように，テープを斜面上部の記録タイマーに通し，一端を質量 500 g の台車に貼りつけ，もう一端に質量 300 g のおもりをとりつけました。ゆっくり手をはなすと，台車とおもりは静止しました。図2は，斜面上の台車にはたらく重力を矢印で表したものです。次の問いに答えなさい。〔徳島〕

図1

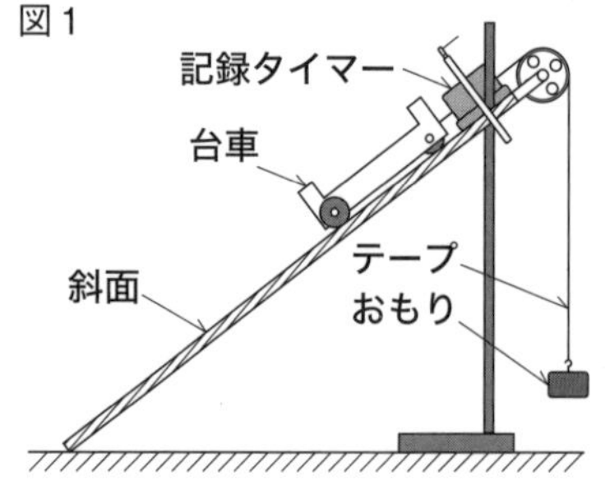

図2

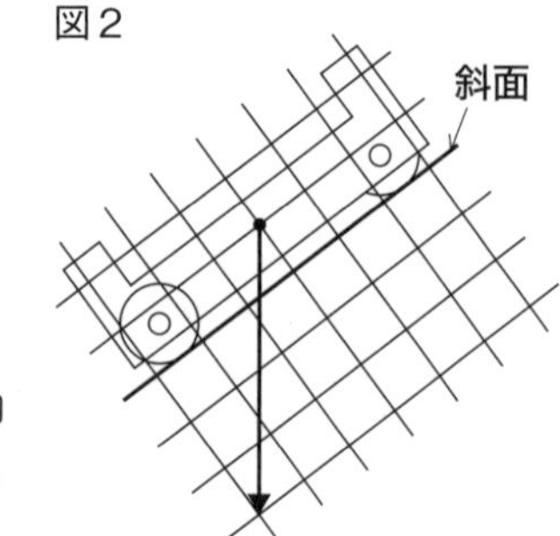

(1) 台車にはたらく重力を，斜面に平行な分力と，斜面に垂直な分力に分解し，それぞれ図2に矢印で表しなさい。

(2) 斜面が台車をおし上げる垂直抗力の大きさは何Nですか，求めなさい。ただし，100 g の物体にはたらく重力の大きさを1Nとします。[　　　　]

斜面が台車をおし上げる力は，斜面に垂直な重力の分力とつりあっている。

5 物理／3年 物体の運動

[　　月　　日]

入試重要ポイント TOP3

平均の速さ	斜面をくだる運動	作用と反作用
ある時間一定の速さで動いたと考えたときの速さ。	斜面に平行な分力のため一定の割合で速さが増加する。	力を加えると，反対向きに同じ大きさの力を受ける。

1 速　さ

(1) **記録タイマー**……1秒間に50回または60回打点する装置。
（50回→5打で0.1秒　60回→6打で0.1秒）

(2) **平均の速さ**……ある区間を，同じ速さで移動し続けたと考えたときの速さ。単位にはm/s（メートル毎秒と読む），km/h（キロメートル毎時と読む）などが使われる。

$$平均の速さ〔m/s〕=\frac{移動距離（きょり）〔m〕}{移動にかかった時間〔s〕}$$

2 力がはたらく運動

★ **斜面（しゃめん）上の運動**……斜面上の物体には，斜面に沿う力（重力の分力）がはたらく。このため，斜面をくだる運動で，運動の向きに力がはたらき続けると，物体の速さは増加（一定の割合で増加）する。また，斜面をのぼる運動で，運動の向きと逆向きに力がはたらき続けると，物体の速さは減少（一定の割合で減少）する。

進行方向　力　速さ増加
▲はやくなる運動

進行方向　力　速さ減少
▲おそくなる運動

3 力がはたらかない運動

★ **力がはたらかない運動**……物体に力がはたらいていないか，力がはたらいていてもつりあっているとき，物体は静止し続けるか，等速直線運動（慣性により，一直線上を一定の速さで運動する）を続ける。

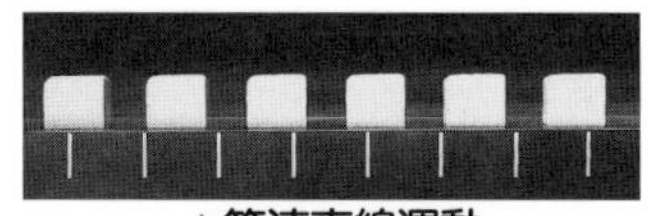
▲等速直線運動

入試得点アップ

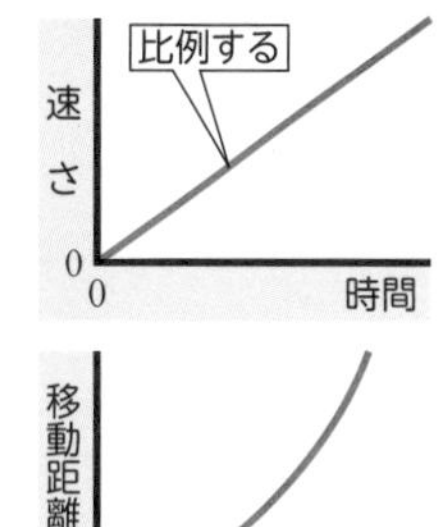

移動距離　0　0　時間

等速直線運動のグラフ

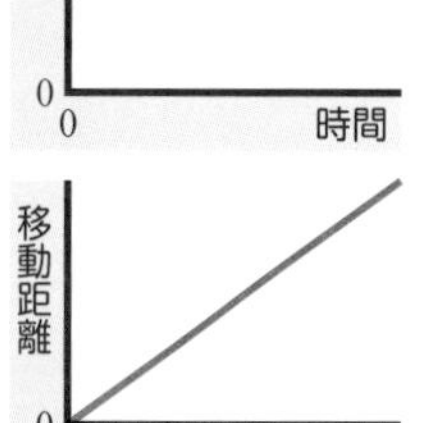

移動距離　0　0　時間

作用・反作用の法則

ある物体に力（作用）を加えると，同時にその物体から，反対向きに同じ大きさの力（反作用）を受ける。

サクッと確認

① 物体が斜面をくだるとき，速さはしだいにどうなりますか。　① 増加する

② ①となるのは，斜面上の物体にどのような力がはたらくからですか。　② 斜面に沿う力

③ 物体が一直線上を一定の速さで移動する運動を何といいますか。　③ 等速直線運動

④ 急ブレーキをかけたバスのつり革（かわ）が進行方向に動くのは，物体がもつ何という性質によるものですか。　④ 慣　性

やってみよう!入試問題

解答p.4

目標時間10分　　　分

1 図1のような傾き(かたむ)のある斜面(しゃめん)を用いて，次の実験を行いました。あとの問いに答えなさい。ただし，摩擦(まさつ)や空気の抵抗(ていこう)は考えないものとします。

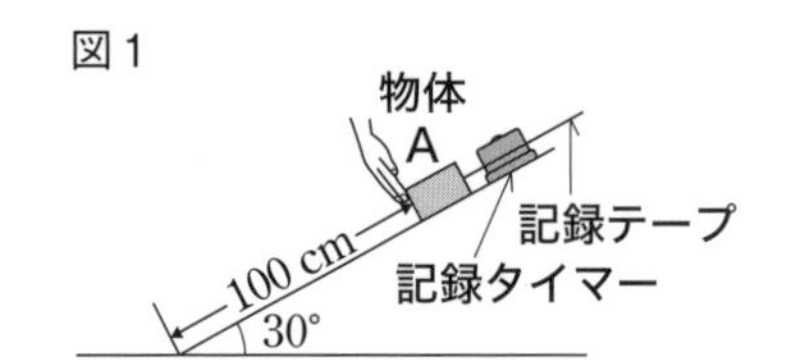

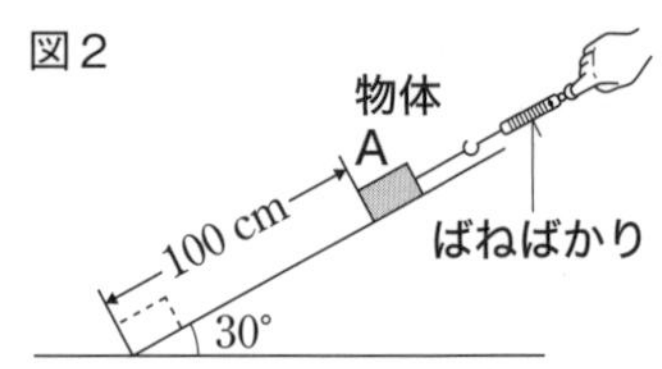

〔実験1〕 図1のように，水平面から斜面に沿って100 cmの位置に置いた物体Aを静かにはなし，その運動を，1秒間に50打点する記録タイマーを用いて記録した。

〔実験2〕 図2のように，ばねばかりにつるした物体Aを，斜面に沿ってゆっくり100 cm引き上げた。グラフは，このとき用いたばねばかりのばねの伸び(の)と，ばねにはたらく力の大きさの関係を表している。

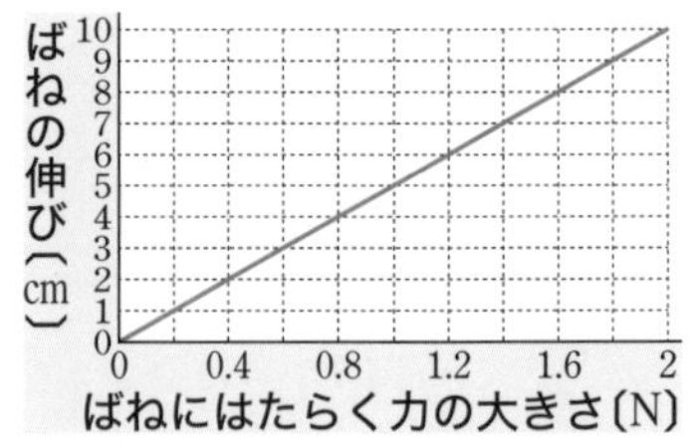

(1) 実験1で，物体Aが斜面上を移動しているときに，物体Aにはたらいている力を正しく示した図はどれですか。右の**ア**～**エ**から1つ選び，記号で答えなさい。〔富山－改〕

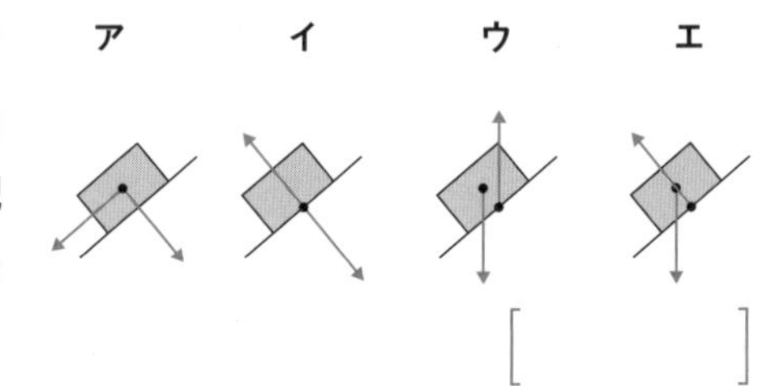

［　　　］

(2) 図3は，実験1で，物体Aの運動を記録した記録テープです。はじめの点から5打点ごとに区切り，それぞれの区間をP，Q，Rとしました。下の文は，実験1，2からわかったことをまとめたものです。①，②にはあてはまる数字を，③にはあてはまる語句を答えなさい。〔福島－改〕

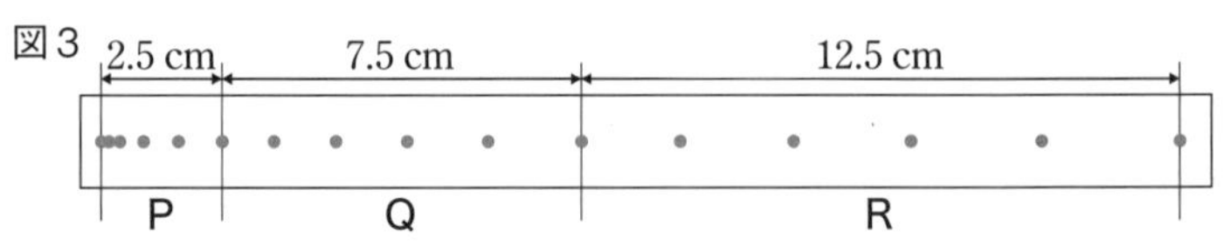

①［　　　］ ②［　　　］ ③［　　　］

図3から，物体AのPにおける平均の速さは［①］cm/sであり，Qにおける平均の速さは，Pにおける平均の速さよりも［②］cm/sはやくなっている。また，Rにおける平均の速さは，Qにおける平均の速さよりも［②］cm/sはやくなっている。さらに，実験2では，ばねばかりのばねの伸びがつねに同じであったことから，物体Aにはたらく重力の斜面に沿った分力の大きさは，斜面上での物体Aの位置によらず，［③］であるといえる。

斜面の角度が一定なので，速さが増加する割合も一定である。

6 物理／3年 仕事とエネルギー

［　　月　　日］

入試重要ポイント TOP3

仕　事	仕事の原理	力学的エネルギー
物体に加える力の大きさと力の向きに動いた距離との積。	道具の使用にかかわらず，仕事の大きさは等しい。	位置エネルギーと運動エネルギーの和。

1 仕　事

(1) 仕事〔J〕……力の大きさ〔N〕×力の向きに移動した距離（きょり）〔m〕
↳物体に力を加えてその方向に動かしたとき，「物体に仕事をした」という

(2) 仕事の原理……道具を使っても使わなくても，最終的な仕事の大きさは変わらない。

(3) 仕事率〔W〕……仕事〔J〕÷仕事にかかった時間〔s〕
↳1秒間にした仕事の大きさ

2 エネルギー

(1) エネルギー……ほかの物体に仕事ができる能力。

(2) 位置エネルギー……高い所にある物体がもつエネルギーで，質量や高さが大きいほど，位置エネルギーも大きい。
↳高い所にある物体は，落下するなどしてほかの物体に仕事ができる

(3) 運動エネルギー……動いている物体がもつエネルギーで，質量や速さが大きいほど，運動エネルギーも大きい。
↳動いている物体は，ぶつかるなどしてほかの物体に仕事ができる

(4) 力学的エネルギー……位置エネルギーと運動エネルギーの和。

3 エネルギーの保存

★ 力学的エネルギーの保存……
↳力学的エネルギー保存の法則ともいう

位置エネルギーと運動エネルギーは互（たが）いに移り変わり，その和は一定になる。位置エネルギーが減ると，運動エネルギーがふえ，位置エネルギーがふえると，運動エネルギーが減る。

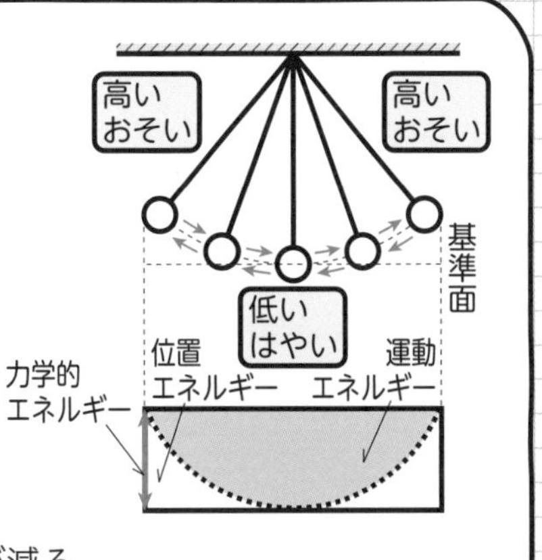

入試得点アップ

仕事の原理

例：6 N のものを 4 m もち上げる仕事

① そのままもち上げる。

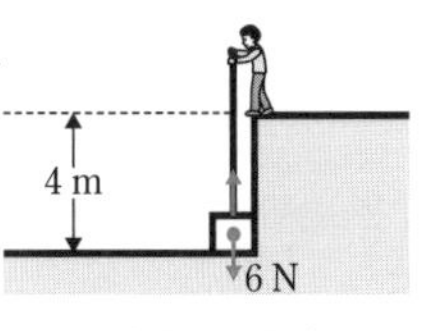

6〔N〕× 4〔m〕
= 24〔J〕

② 定滑車（かっしゃ）でもち上げる。

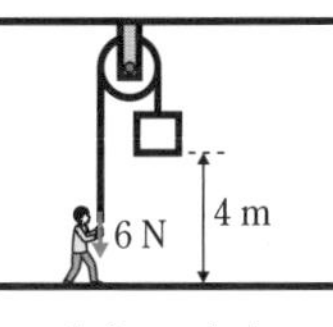

6〔N〕× 4〔m〕
= 24〔J〕

③ 動滑車でもち上げる。

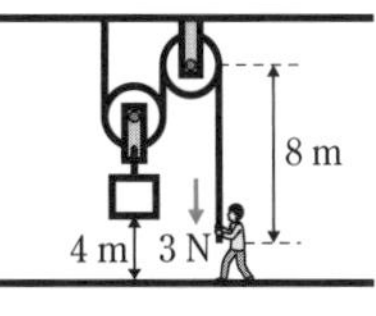

3〔N〕× 8〔m〕
= 24〔J〕

➡すべて仕事の大きさが等しい。

サクッと確認

① 12 N の荷物を支えて立っているときの仕事は何 J ですか。　① 0 J

② 20 N の物体を重さを無視できる動滑車でもち上げるときの力の大きさは何 N ですか。　② 10 N

③ 位置エネルギーと運動エネルギーの和を何といいますか。　③ 力学的エネルギー

④ 摩擦（まさつ）や空気の抵抗（ていこう）がない場合，力学的エネルギーはどうなりますか。　④ 一定になる

やってみよう!入試問題

解答p.4

目標時間 10 分

分

1

同じ台車を用いて実験1，2を行いました。あとの問いに答えなさい。ただし，台車にはたらく摩擦力はないものとします。〔岐阜〕

〔実験1〕 図1のように，台車を一定の速さで上向きに0.20 m引き上げた。このとき，ばねばかりは10.0 Nを示した。

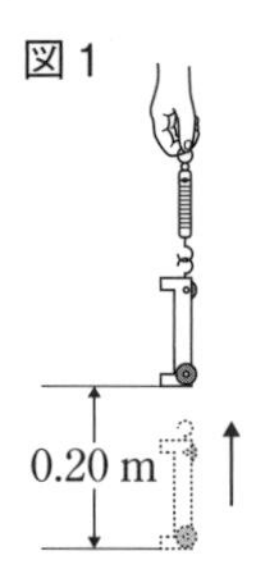

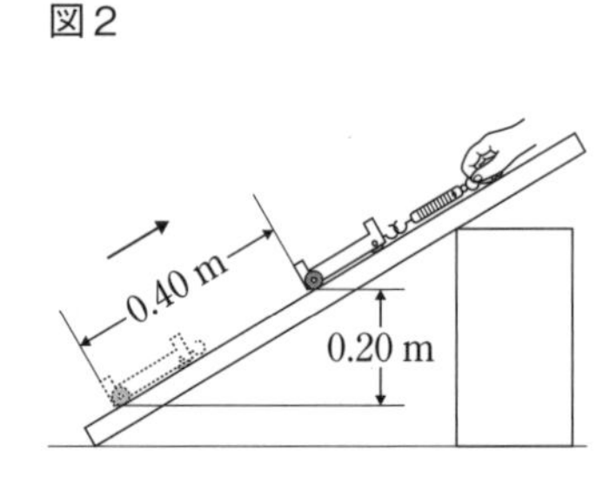

〔実験2〕 図2のように，斜面に置いた台車を一定の速さで斜面に沿って0.40 m引き上げると台車はもとの位置より0.20 m高くなった。このとき，ばねばかりは5.0 Nを示した。

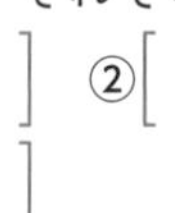

(1) 実験の結果をまとめた右の表の①～③にあてはまる数値を，それぞれ書きなさい。

①［　　］ ②［　　］

③［　　］

	実験1	実験2
手が加えた力の大きさ〔N〕	10.0	5.0
手を動かした距離〔m〕	0.20	②
手がした仕事〔J〕	①	③

(2) 実験2で，手がした仕事の仕事率が0.50 Wであったとき，手を動かした速さは何m/sですか。［　　］

2

大きさが同じで，質量200 gの球Aと質量100 gの球Bを用意し，ふりこの運動について調べる実験を行いました。下の枠内は，その実験の内容の一部です。あとの問いに答えなさい。ただし，質量100 gの物体にはたらく重力の大きさを1 Nとし，摩擦や空気の抵抗は考えないものとします。〔福岡〕

> 図1のように，糸の一方の端を天井に固定し，もう一方の端に球Aをつけ，球AをP点までもち上げたのち，静かにはなすと，球AはQ，R，S点を通ってP点と同じ高さのT点まで移動した。次に，球Aを球Bに変え，同様の実験を行うと，球BはQ，R，S点を通って，T点まで移動した。

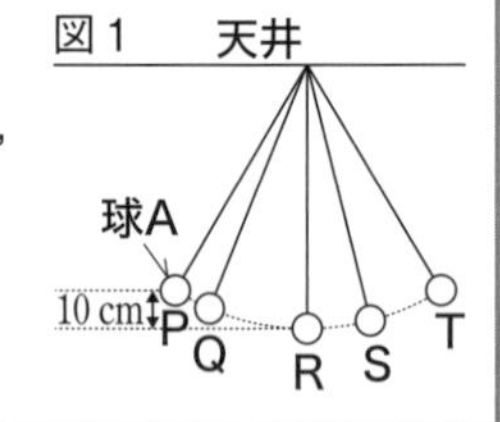

(1) 図2は，この実験で，P～T点まで移動するときの，球A，Bそれぞれがもつ位置エネルギーの変化を，模式的に示したものです。球Aがもつ位置エネルギーの変化を示したものは，**ア**と**イ**のどちらですか。［　　］

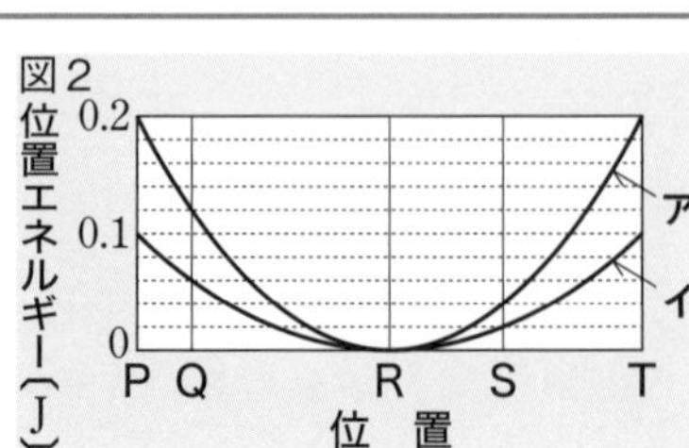

(2) 図2の**ア**の位置エネルギーの変化を示す球について，Q点での運動エネルギーは，S点での運動エネルギーの何倍ですか。［　　］

減少した位置エネルギーが運動エネルギーに移り変わっている。

サクッ!と入試対策 ①

解答p.5　　目標時間 10 分　　　分

1

次の実験について，あとの問いに答えなさい。ただし，音の伝わる速さを 340m/s とする。

〔愛媛－改〕

〔実験１〕 図１のように，ⓐ位置ｑでＡさんがピストルを鳴らし，位置ｐのＢさんはその音が聞こえると同時にピストルを鳴らした。Ａさんは，Ａさんがピストルを鳴らしてからＢさんが鳴らしたピストルの音が聞こえるまでの時間をストップウォッチで測定した。Ａさんが位置ｒに移動して同様の実験を行ったところ，0.30 秒長かった。

図１

ピストル　Aさん　ピストル　ストップウォッチ　Bさん

位置p　位置q　位置r

［位置p, q, rは一直線上にあり，位置qは位置pと位置rとの間にある。］

〔実験２〕 実験１の下線部ⓐと同じ操作を行い，このとき，図２のように，位置ｓでＣさんは，ⓑＡさんが鳴らしたピストルの音が聞こえてからＢさんが鳴らしたピストルの音が聞こえるまでの時間をストップウォッチで測定した。

図２

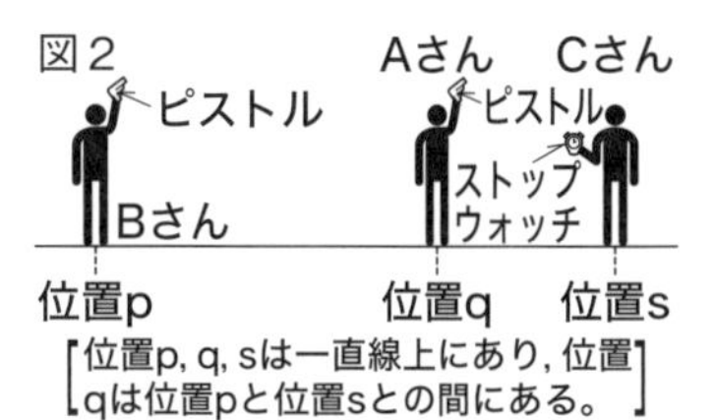

(1) 位置ｑからｒまでの距離（きょり）は何 m ですか。［　　　］

やや難 (2) 実験２で，位置ｐからｑまでの距離を一定に保ち，位置ｑからｓまでの距離を大きくしたとき，下線部ⓑの時間はどのようになりますか。［　　　］

2

次の実験について，あとの問いに答えなさい。〔福島〕

〔実験１〕 図１のように，板に通した直線状の導線Ｘに，矢印の向きに電流を流した。このとき，板のＡ～Ｄの点に置いた磁針の向きを調べた。

〔実験２〕 図２のように，板に通したコイルＹに，矢印の向きに電流を流した。このとき，板のＳとＴの点に置いた磁針の向きを調べた。

図１　導線Ｘ　B　C　A　D　電流

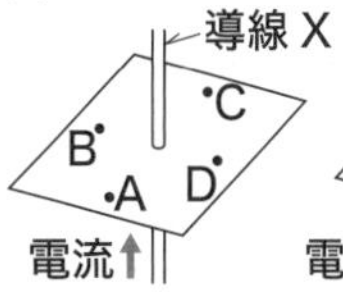

図２　コイルＹ　S　T　電流

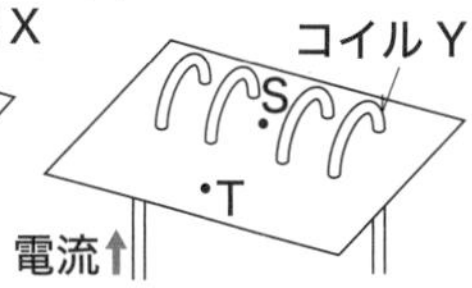

(1) 図３は，実験１で，Ａ～Ｄの点のいずれかに置いた磁針と，図１の板を，Ａの点を手前にして真上から見たものを示しています。図３の磁針は，どの点に置いたものですか。右のＡ～Ｄから１つ選び，記号で答えなさい。［　　　］

図３　N極　S極

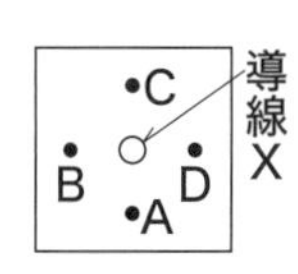

間違えやすい (2) 図４の**ア**～**エ**は，実験２で，図２の板を，Ｔの点に置いた磁針を手前にして真上から見たときの模式図です。ＳとＴの点に置いた磁針の向きの組み合わせが正しいものはどれですか。図４の**ア**～**エ**から１つ選び，記号で答えなさい。［　　　］

図４

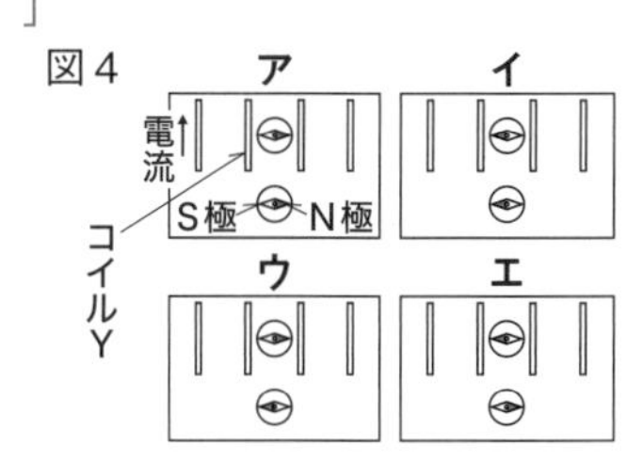

▼下の 間違えやすい を見よう！

間違えやすい　コイルの内側と外側では，磁界の向きが逆になる。

［　月　日］

サクッ!と入試対策 ❷

解答p.5

1

図1のように，ばねにつるす1個20 gのおもりを1個，2個と8個までふやしていき，つるしたおもりの質量とばねの伸(の)びの関係について調べました。下の表は，実験の結果の一部を表したものです。ばねの質量は考えないものとして，あとの問いに答えなさい。〔富山〕

図1

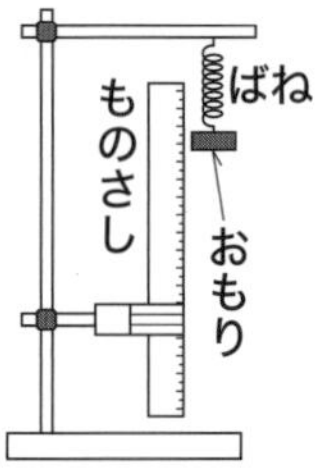

つるしたおもりの質量〔g〕	0	20	40	60	80	100	…	160
ばねの伸び〔cm〕	0	1.2	2.4	3.6	4.8	6.0	…	9.6

(1) 図1において，ばねがおもりを引く力とおもりにはたらく重力の2力はつりあっています。次の文は，1つの物体にはたらく2力のつりあいの条件です。文中の(　)にあてはまる語句を書きなさい。［　　　］

・2力が(　)上にあり，向きが反対である。
・2力の大きさが等しい。

(2) 図1のばねに20 gのおもり6個と10 gのおもり1個をつるしたとき，ばねの伸びは何cmですか。［　　　］

(3) 図2のように，水平な机の上にある台ばかりに80 gの物体をのせ，図1のばねをとりつけて，上端(じょうたん)を手で真上に3.0 cm引き伸ばしました。このとき，台ばかりは何gを示しますか。［　　　］

図2

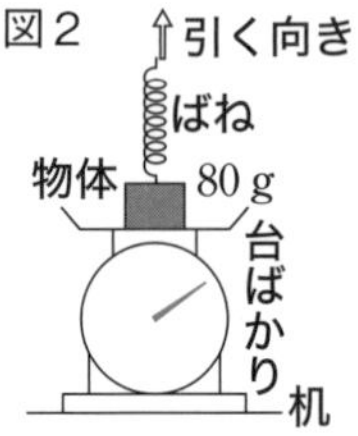

2

図のように，材質が異なる物体X～Zをそれぞればねばかりにつるし，a～dの位置でのばねばかりの値(あたい)を測定し，結果を表にまとめました。あとの問いに答えなさい。ただし，質量100 gの物体にはたらく重力の大きさを1.0 Nとし，糸の質量と体積は考えないものとします。〔神奈川－改〕

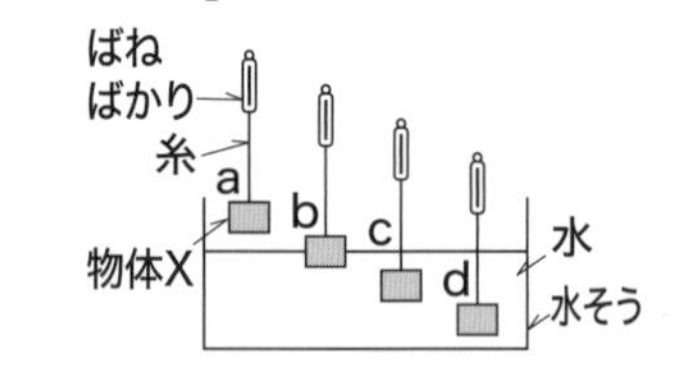

物体の位置	a	b	c	d
物体Xのばねばかりの値〔N〕	0.50	0.40	0.30	0.30
物体Yのばねばかりの値〔N〕	0.40	0.30	0.20	0.20
物体Zのばねばかりの値〔N〕	0.50	0.45	0.40	0.40

(1) 図のdの位置における物体にはたらく水圧のようすとして最も適切なものを次の**ア**～**カ**から選び，記号で答えなさい。［　　　］

ア
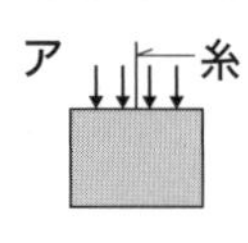

イ
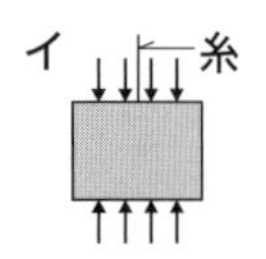

ウ
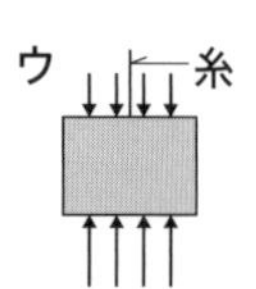

エ
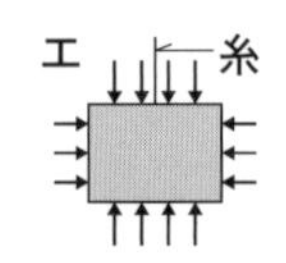

オ
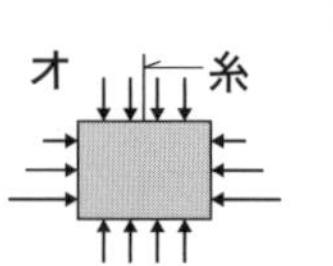

カ
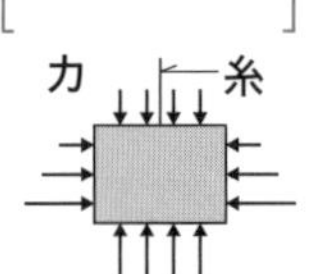

(2) 図のdの位置における物体Xにはたらく浮力の大きさは何Nですか。［　　　］

(3) 物体X～Zの中で最も密度が大きいのはどれですか。［　　　］

物体X～Zについて，完全に水に沈(しず)んだときのばねばかりの値を比較(ひかく)する。

化学／1年

7 身のまわりの物質，水溶液

［　　月　　日］

入試重要ポイント TOP3

密　度 物質 1 cm³ あたりの質量。

質量パーセント濃度 溶液全体の質量に対する溶質の質量の割合。

溶解度 100 g の水に溶ける物質の最大限度の質量。

1 身のまわりの物質

(1) **有機物と無機物**……炭素を含む物質を有機物（燃やすと二酸化炭素と水を生じる），それ以外の物質を無機物という。

(2) **金属**……電気をよく通し，熱をよく伝え，みがくと金属光沢（こうたく）が出る。また，たたくとうすく広がり（**展性**），引っ張ると細くのびる（**延性**）。このような性質をもつ物質を金属という。（金属以外の物質を非金属という）

2 密度・質量パーセント濃度（のうど）

$$密度〔g/cm^3〕=\frac{物質の質量〔g〕}{物質の体積〔cm^3〕}$$

$$質量パーセント濃度〔\%〕=\frac{溶質の質量〔g〕}{溶液の質量〔g〕}\times 100$$

（溶液＝溶媒＋溶質）

3 溶解度（ようかいど）と再結晶（さいけっしょう）

(1) **飽和水溶液**（ほうわすいようえき）……一定量の水に**溶質**が限度まで溶（と）けた水溶液。

(2) **溶解度**……100 g の水に溶ける物質の最大限度の質量。

(3) **再結晶**……物質を溶媒（ようばい）に溶かし，再び結晶としてとり出す操作。（冷やしたり，溶媒を蒸発させることによる）

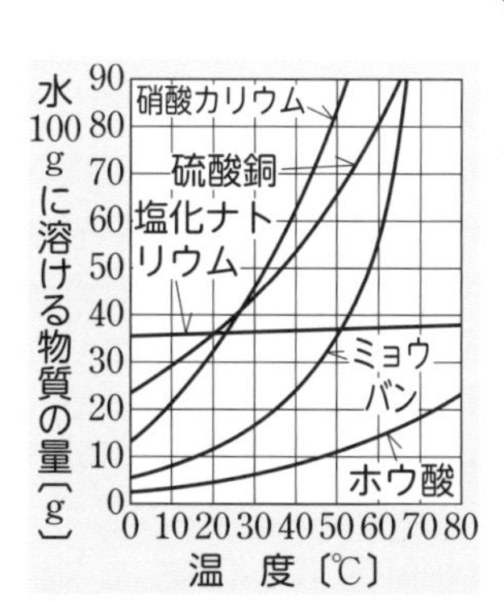

入試得点アップ

ガスバーナーの使い方

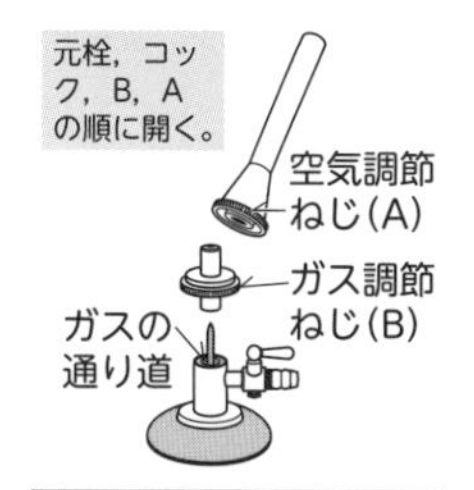

ろ過のしかた

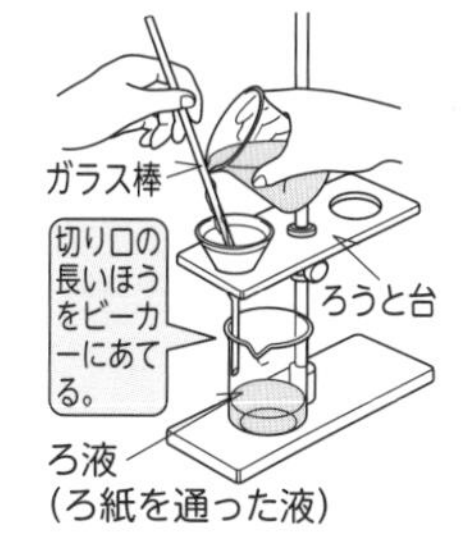

水溶液

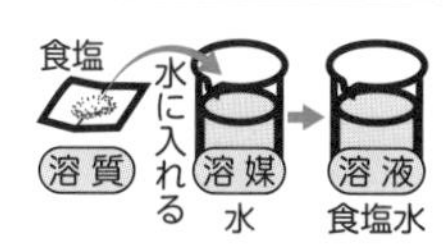

純粋な物質と混合物

① **純粋（じゅんすい）な物質（純物質）** 鉄，酸素など。

② **混合物**…砂糖水，食塩水など。

サクッと確認

① 燃やすと二酸化炭素と水を生じる物質を何といいますか。　① 有機物

② 金属をみがくと現れる特有の輝（かがや）きを何といいますか。　② 金属光沢

③ 物質 1 cm³ あたりの質量を何といいますか。　③ 密　度

④ 食塩 25 g を 100 g の水に溶かしてできた食塩水の質量パーセント濃度を求めなさい。　④ 20 %

⑤ 物質を限度まで溶かした水溶液を何といいますか。　⑤ 飽和水溶液

⑥ 再結晶などで得られる，規則正しい形をした固体を何といいますか。　⑥ 結　晶

やってみよう!入試問題

解答p.6

目標時間 10 分　　　分

1

次の文を読み，あとの問いに答えなさい。〔長崎〕

金属はたたくと広がる性質や引っ張るとのびる性質など，共通した性質をもつが，同じ温度であれば密度は金属の種類によって違う値を示す。図1の純粋な白金，銀，鉛，鉄のかたまりについて体積と質量を 20 ℃で測定すると，図2の結果が得られた。

図1

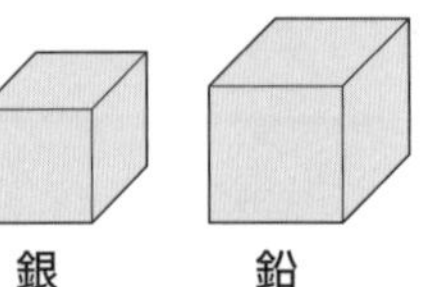

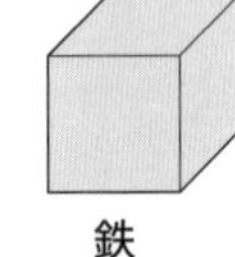

白金　銀　鉛　鉄

図2

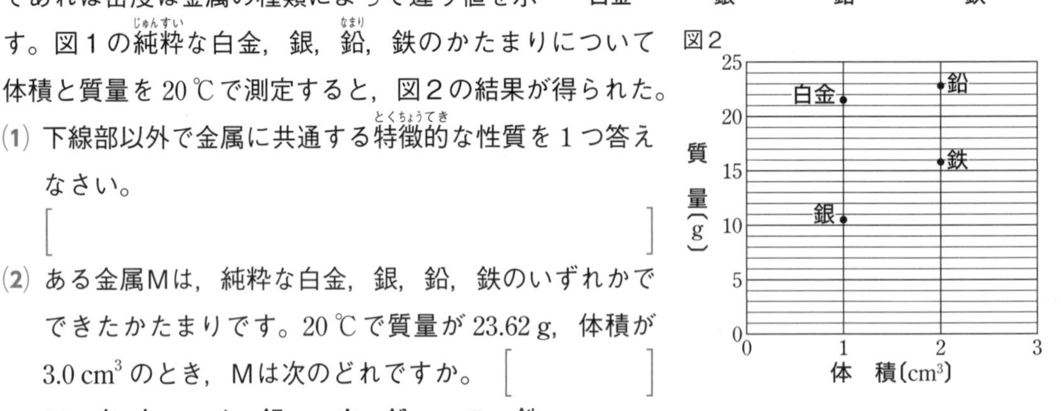

記述 (1) 下線部以外で金属に共通する特徴的な性質を1つ答えなさい。
〔　　　　　　　　　　〕

(2) ある金属Mは，純粋な白金，銀，鉛，鉄のいずれかでできたかたまりです。20 ℃で質量が 23.62 g，体積が 3.0 cm^3 のとき，Mは次のどれですか。〔　　　　〕

ア 白金　**イ** 銀　**ウ** 鉛　**エ** 鉄

2

硝酸カリウムと塩化ナトリウムの再結晶について調べました。これについて，次の問いに答えなさい。〔岐阜－改〕

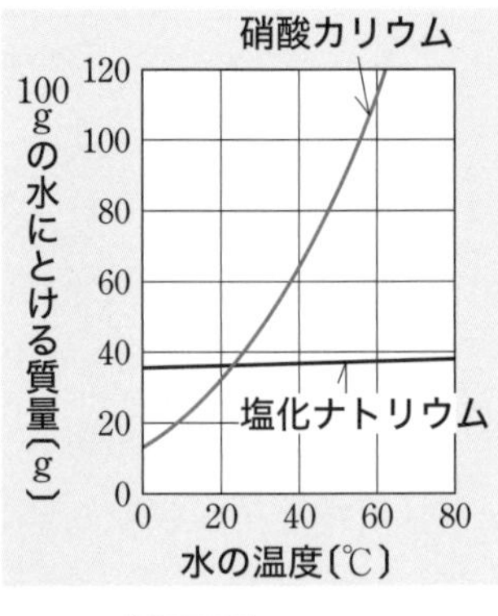

(1) 図は，硝酸カリウムと塩化ナトリウムの溶解度曲線です。60 ℃の水 100 g に硝酸カリウムを溶かした飽和水溶液と，60 ℃の水 100 g に塩化ナトリウムを溶かした飽和水溶液を，それぞれ 20 ℃まで冷やしたときに出てくる結晶の質量について次のように説明しました。文中の［　　］にあてはまる語句を書きなさい。〔　　　　　〕

硝酸カリウムの結晶の質量は，塩化ナトリウムの結晶の質量より［　　］。

(2) 表は，硝酸カリウムの溶解度をまとめたものです。硝酸カリウムを 60 ℃の水 100 g に溶かして飽和水溶液をつくり，この飽和水溶液を 20 ℃まで冷やすと，結晶として出てくる硝酸カリウムは何 g ですか。〔　　　　〕

水の温度〔℃〕	硝酸カリウム〔g〕
0	13.3
20	31.6
40	63.9
60	109.2
80	168.8
100	244.8

(3) (2)で，20 ℃まで冷やした硝酸カリウムの飽和水溶液について，質量パーセント濃度を，小数第1位を四捨五入して整数で求めなさい。〔　　　　〕

ココ注意! 20 ℃の水 100 g に限度(溶解度)まで硝酸カリウムが溶けている。

化学／1年

気体，物質の状態変化

[　　月　　日]

入試重要ポイント TOP3

気体の集め方
水上置換法，上方置換法，下方置換法がある。

状態変化
物質が，固体，液体，気体と変化すること。

蒸　留
気体にした物質を冷やして再び液体にして集める方法。

1　いろいろな気体

(1) **集め方**……水に溶(と)けにくい気体は<u>水上置換法</u>(ちかんほう)，水に溶けやすく空気より密度が小さい気体は<u>上方置換法</u>，水に溶けやすく空気より密度が大きい気体は<u>下方置換法</u>で集める。
（空気より軽い↲　空気より重い↲）

(2) **気体の性質**

性質＼気体	酸　素	水　素	二酸化炭素	アンモニア	窒　素
に お い	な　し	な　し	な　し	刺激臭	な　し
水に対する溶け方	溶けにくい	溶けにくい	少し溶ける	よく溶ける	溶けにくい
空気に対する重さ	少し重い	非常に軽い	重　い	軽　い	少し軽い
水溶液の性質			酸　性	アルカリ性	

2　状態変化と体積・質量，蒸留

(1) **状態変化**……水以外の多くの物質は温度が上がると物質をつくる粒子(りゅうし)の運動が激しくなり，**体積**が<u>大きくなる</u>。粒子の数は同じなので，**質量**は<u>変わらない</u>。
（温度が上がると密度は小さくなる↰）

(2) **蒸留**……液体を加熱して沸騰(ふっとう)させ，出てくる気体を冷やして再び液体にして集める方法。物質の<u>沸点</u>(ふってん)の違(ちが)いを利用して，物質を分ける。
（沸騰石を入れて加熱する↲）

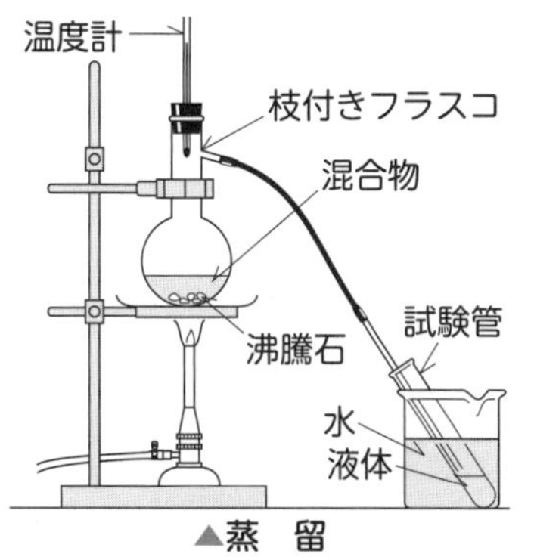

▲蒸　留

入試得点アップ

気体の集め方

① 水上置換法

気体
気体
水

② 上方置換法

③ 下方置換法

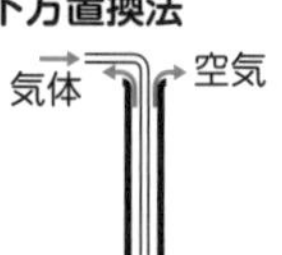

物質の状態変化（水）

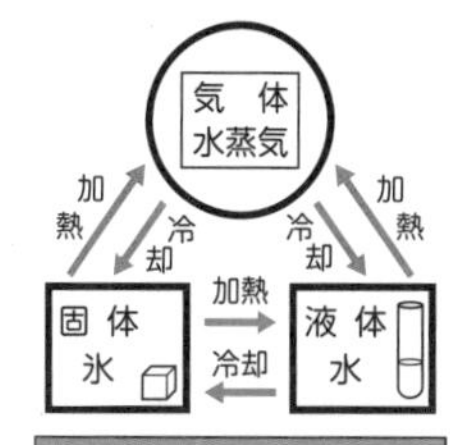

融点と沸点

① **融点**(ゆうてん)…固体が液体に変化する温度。

② **沸点**(ふってん)…液体が沸騰して気体に変化する温度。

サクッと確認

① 水に溶けやすく，空気より軽い気体の集め方は何ですか。　① <u>上方置換法</u>

② 二酸化マンガンにオキシドールを加えると生じる気体は何ですか。　② <u>酸　素</u>

③ 石灰水(せっかいすい)に二酸化炭素を通すと，石灰水はどうなりますか。　③ <u>白く濁(にご)る</u>

④ 5 g の固体のろうを液体にすると，体積はどうなりますか。　④ <u>大きくなる</u>

⑤ 水が氷に変化すると，質量はどうなりますか。　⑤ <u>変わらない</u>

⑥ 固体が液体に変化する温度を何といいますか。　⑥ <u>融　点</u>

⑦ 蒸留は，物質の何の違いを利用して物質を分ける方法ですか。　⑦ <u>沸　点</u>

やってみよう!入試問題

解答p.6

1

アンモニアの性質について，次の問いに答えなさい。

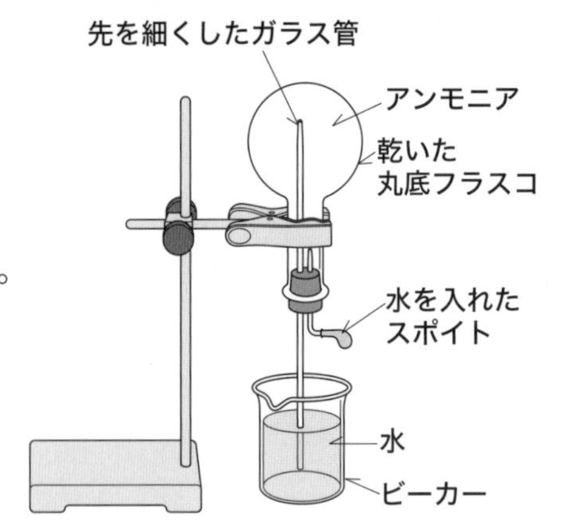

(1) 右の図の実験装置は，アンモニアの性質を調べる実験を行うためのものです。アンモニアを集めた丸底フラスコの中にスポイトで水を入れると，丸底フラスコの中にビーカーの水が噴き上がります。このように水が噴き上がるのは，アンモニアのどのような性質によるものですか。次の**ア**～**エ**から1つ選び，記号で答えなさい。〔埼玉〕

[　　　　]

ア　強い刺激臭がある。　　**イ**　空気より軽い。

ウ　水に溶けやすい。　　**エ**　ものを燃やすはたらきがある。

(2) アンモニアのにおいを確かめるとき，どのような方法が適切ですか，書きなさい。〔群馬〕

[　　　　　　　　　　　　　　　　　　　　]

2

水とエタノールの混合物を用いて，次の実験①，②を行いました。これについて，あとの問いにそれぞれ答えなさい。〔京都－改〕

〔実験〕 ① 図の装置を用いて，水 17 cm³ とエタノール 3 cm³ の混合物を弱火で加熱し，蒸留によって得られる液体を，3 本の試験管 A，B，C の順に 2 cm³ ずつ集める。

② 試験管 A～C の中の液体をそれぞれ別の蒸発皿に入れ，マッチの火を近づける。結果は次の表のようになった。

温度計
枝付きフラスコ
水とエタノールの混合物
ガラス管
試験管
沸騰石
氷水

試験管 A	試験管 B	試験管 C
液体に火がついた	液体に火はついたがすぐに消えた	液体に火がつかなかった

(1) 集めた液体にエタノールが最も多く含まれる試験管は A～C のどれですか。A，B，C のいずれかで答えなさい。

[　　　　]

(2) 実験において混合物からエタノールをとり出すために利用した事がらを表した次の文の空欄①，②にあてはまる語句を書きなさい。　①[　　　　]　②[　　　　]

エタノールの[①]が，水の[①]より[②]。

この実験からわかるアンモニアの性質を答える。

化学／2年

9 原子・分子，化学変化

［　月　日］

入試重要ポイント TOP3

原子	分子	還元
物質を構成する，それ以上分けられない最小の粒子。	物質の性質を示す最小の粒子。	酸化物から酸素が奪われる化学変化。

1 原子・分子

★ **原子と元素と分子**……原子とは，物質をつくっている，それ以上分けることのできない最小の粒子(りゅうし)で，原子の種類を元素という。分子とは，いくつかの原子が結びついてできた，物質の性質を示す最小の粒子である。

2 化学変化

(1) **分解**…… 1つの物質が2つ以上の物質に分かれる。

① 水 ⟶ 水素 ＋ 酸素
↳電気による分解なので，電気分解

② 酸化銀 ⟶ 銀 ＋ 酸素
↳加熱による分解なので，熱分解

③ 炭酸水素ナトリウム
⟶ 炭酸ナトリウム
＋ 二酸化炭素 ＋ 水

炭酸水素ナトリウム　塩化コバルト紙 → 赤くなる　水が発生
液体がつく
石灰水 → 白く濁る　二酸化炭素が発生
注 発生した液体が加熱部分に流れないように，試験管の口を少し下げる。

▲炭酸水素ナトリウムの分解

(2) **物質が結びつく化学変化**…… 2種類以上の物質が結びついてもとの物質とは別の物質ができる。

① 鉄 ＋ 硫黄(いおう) ⟶ 硫化鉄(りゅうかてつ)

② 銅 ＋ 酸素 ⟶ 酸化銅
↱酸素と結びつくことを酸化

○ ○ ＋ ●● ⟶ ○● ○●
$2Cu + O_2 \longrightarrow 2CuO$

③ マグネシウム ＋ 酸素 ⟶ 酸化マグネシウム
↱激しい光と熱をともなう酸化で，燃焼とよばれる

(3) **還元(かんげん)**……酸化物から酸素が奪(うば)われる。
↳還元が起こるときは，同時に酸化も必ず起こっている

① 酸化銅 ＋ 炭素 ⟶ 銅 ＋ 二酸化炭素

② 酸化銅 ＋ 水素 ⟶ 銅 ＋ 水

入試得点アップ

原子の性質

- 分けられない　● ⟶✕⟶ ◐◑
- 種類によって質量や大きさが決まっている　鉄の原子　金の原子
- 新しくできない
- 種類が変化しない
- なくならない

物質の分類の例

① **単体**…水素，酸素，鉄など。

② **化合物**…水，二酸化炭素，酸化鉄など。

③ **分子をつくる物質**
酸素，水など。

④ **分子をつくらない物質**…鉄，塩化ナトリウム，酸化銀など。

化学式と化学反応式

① **化学式**…原子の記号と数字を使って物質を表したもの。

② **化学反応式**…化学変化を化学式で表す式。

サクッと確認

① 酸化銀を加熱すると，酸素と銀に分かれる化学変化を何といいますか。　① 分解(熱分解)

② 鉄と硫黄の混合物を加熱すると，何という物質ができますか。　② 硫化鉄

③ マグネシウムの燃焼(ねんしょう)を表す化学反応式を書きなさい。　③ $2Mg + O_2 \longrightarrow 2MgO$

④ 酸化銅と炭素の混合物を加熱すると，銅と二酸化炭素が生じた。このとき，酸化銅に生じた化学変化を何といいますか。　④ 還　元

[　　月　　日]

やってみよう!入試問題

解答p.7　目標時間 10 分　　分

1

次の文を読み，あとの問いに答えなさい。〔沖縄－改〕

図のように，陽極(＋極側)と陰極(－極側)に炭素棒を使用してH型のガラス管を用い，うすい水酸化ナトリウム水溶液に電流を流す実験を行った。陰極から気体Aが，陽極から気体Bが発生した。

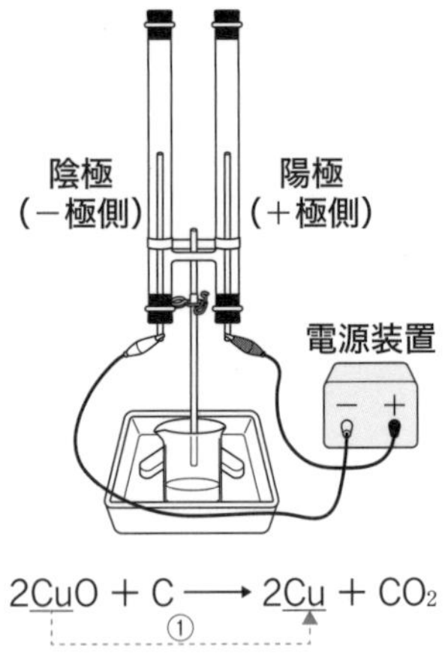

(1) この実験の化学反応式を答えなさい。

[　　　　　　　　　　]

(2) 火のついたマッチを近づけると，気体Aは燃えました。この反応と同じ化学変化を示しているものは右の破線矢印①～③のうちどれですか。また，共通する化学変化は何ですか。

$2CuO + C \longrightarrow 2Cu + CO_2$ ①

$CuO + H_2 \longrightarrow Cu + H_2O$ ②

$C + O_2 \longrightarrow CO_2$ ③

矢印[　　　　] 化学変化[　　　　]

2

次の文を読み，あとの問いに答えなさい。〔福岡－改〕

鉄粉7gと硫黄の粉末4gを乳鉢でよく混ぜ，この混合物を試験管A，Bに分けて入れた。Aだけを図のように加熱すると，混合物の上部が赤くなり，加熱をやめても反応が進んだ。次に，Aが冷えたあと，A，B内の物質に磁石を近づけると，B内の物質だけが磁石に引きつけられた。また，A，B内の物質を少量ずつとり，それぞれをうすい塩酸に入れると，A内の物質だけにおいのある気体が発生した。

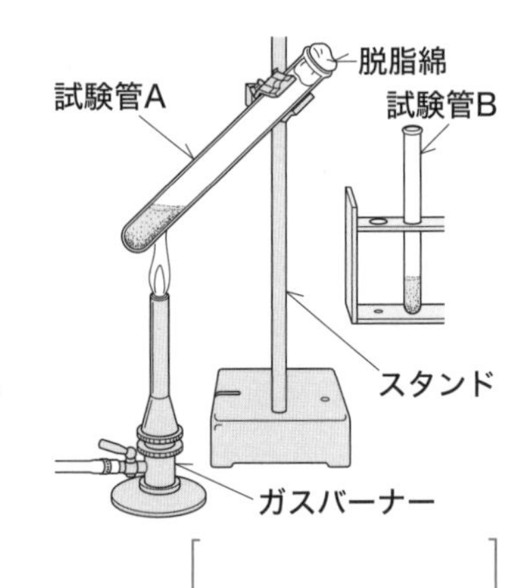

(1) 下線部の物質の名称を書きなさい。[　　　　]

(2) 下の□内は，この実験についてまとめた内容の一部です。文中の(　X　)に，適切な語句を入れなさい。また，(　Y　)にあてはまる物質を，あとの**ア**～**エ**から1つ選び，記号で答えなさい。

X[　　　　] Y[　　　　]

> A，B内の物質に磁石を近づけたときや，A，B内の物質をうすい塩酸に入れたときのようすから，鉄と硫黄の混合物を加熱すると，別の物質ができていることがわかった。このように，2種類以上の物質が結びついてできる物質は(　X　)である。一方，(　Y　)を加熱したときにできる物質は(　X　)ではない。

ア 銅　**イ** 酸化銀　**ウ** 水　**エ** 炭酸水素ナトリウム

酸素と結びつく反応が酸化，酸化物から酸素が奪われる反応が還元である。

10 化学変化と熱・質量との関係

化学／2年

［　　月　　日］

入試重要ポイント TOP3

化学反応と熱	質量保存の法則	化学変化と質量
化学反応では，必ず熱の出入りがともなう。	化学変化の前後で物質全体の質量は変わらない。	化学変化に関わる物質の質量の比は一定である。

1 化学反応と熱

(1) **発熱反応**……周囲に熱を放出する化学変化。温度が上がる。

(2) **吸熱反応**……周囲から熱を吸収する化学変化。温度が下がる。

2 質量保存の法則

★ **炭酸水素ナトリウムと塩酸の反応**……密閉した容器で反応させた場合，反応前後で質量は変わらないが，密閉していない容器で反応させると，反応前より質量は減少する。

↳石灰石とうすい塩酸を反応させて，二酸化炭素を発生させてもよい

↳発生した二酸化炭素が空気中に逃げるため

炭酸水素ナトリウム　うすい塩酸　密閉した容器　→炭酸水素ナトリウムと塩酸を反応→　質量は変わらない　→容器のふたを開ける→　質量は減少する

3 化学変化と質量

★ **化学変化と物質の質量の割合**

　2種類の物質が反応するとき，化学変化に関わる物質の質量の割合は一定である。

① 銅：酸素＝4：1

↳銅：酸化銅＝4：5

② マグネシウム：酸素＝3：2

↳マグネシウム：酸化マグネシウム＝3：5

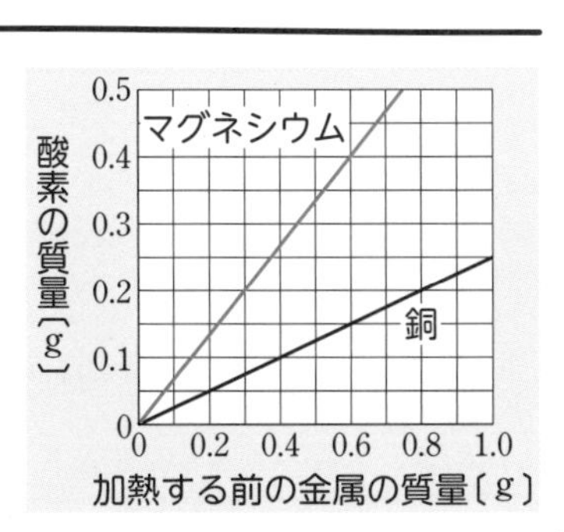

入試得点アップ

化学反応と熱

① **発熱反応**

② **吸熱反応**

質量保存の法則

① **質量保存の法則**
化学変化の前後で物質全体の質量は変わらない。

② **硫酸(りゅうさん)と水酸化バリウム水溶液の反応**
反応でできた硫酸バリウムが白い沈殿(ちんでん)となって現れ，気体を生じないため，密閉していない容器で反応させても，反応の前後で質量は変わらない。

サクッと確認

① 塩化アンモニウムと水酸化バリウムを混ぜたときの化学変化は，発熱反応と吸熱反応のどちらですか。また，温度はどうなりますか。

　① 吸熱反応　下がる

② 物質全体の質量が化学変化の前後で変わらない法則を何といいますか。

　② 質量保存の法則

③ 4.0 g の銅を加熱すると 5.0 g の酸化銅が生じることから，15.0 g の酸化銅を得るためには何 g の銅を加熱すればよいと考えられますか。

　③ 12.0 g

やってみよう！入試問題

解答p.7

目標時間 10 分

分

1

次の文を読み，あとの問いに答えなさい。〔広島－改〕

図1のように，化学かいろの成分である鉄粉5gと活性炭3gを混ぜたものが入ったビーカーに，濃度（のうど）が5％の食塩水を加え，よくかき混ぜてから，1分ごとに温度を測定した。図2は，この測定結果をグラフで示したものである。

図1

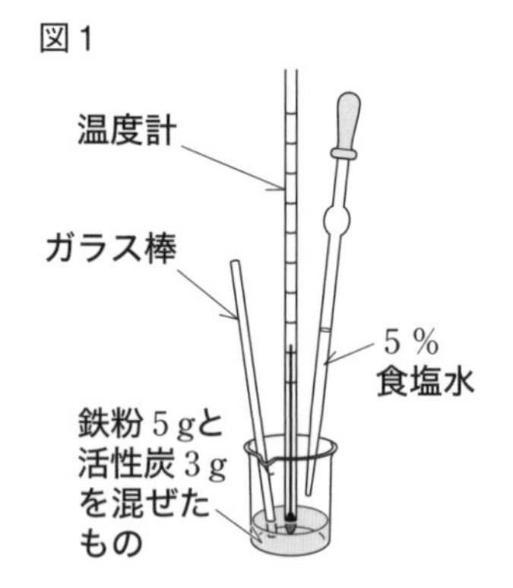

図2

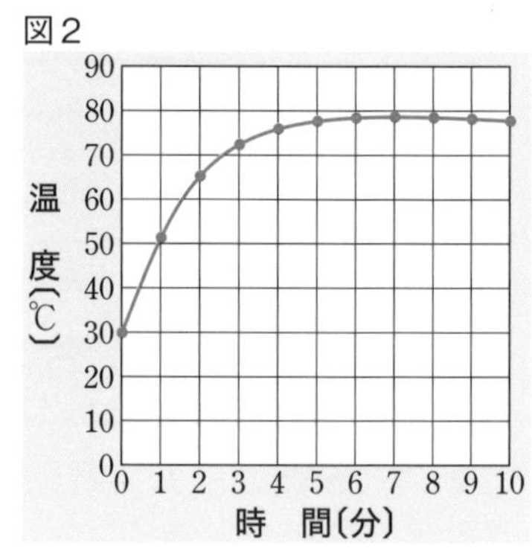

(1) 図2のように温度が上がったのは，熱を放出したためです。このように，熱を放出する化学変化を何といいますか。［　　　　］

(2) 次のア～エから，熱を放出する化学変化を1つ選びなさい。［　　　　］

ア　手のひらをこすり合わせると，こすり合わせたところがあたたかくなる。

イ　電子レンジで水を加熱すると，水があたたかくなる。

ウ　ガスコンロに点火すると，炎（ほのお）から熱と光が出る。

エ　白熱電球に電流を流すと，熱と光が出る。

2

次の文を読み，あとの問いに答えなさい。〔和歌山〕

酸化銀が1.00g，2.00g，3.00g入った試験管A～Cをそれぞれ用意し，質量を測定した。次に，図のように試験管A～Cをそれぞれ十分に加熱して酸化銀をすべて反応させ，発生した気体を集めた。加熱した試験管が十分冷めてから質量を再度測定し，残った物質の質量を求め，表にまとめた。

酸化銀

発生した気体

水

	試験管A	試験管B	試験管C
酸化銀の質量〔g〕	1.00	2.00	3.00
試験管に残った物質の質量〔g〕	0.93	1.86	2.79

(1) 酸化銀4.00gを入れた試験管を用意し，上と同じ実験を行うと，試験管に残る物質の質量は何gになると考えられますか。［　　　　］

(2) (1)について，実際に実験してみると，試験管に残った物質の質量は3.79gでした。反応しなかった酸化銀の質量は何gですか。［　　　　］

加熱により生じた気体は0.21gであることをもとに，反応した酸化銀の質量を求める。

11 化学／3年 水溶液とイオン

[　　月　　日]

入試重要ポイント TOP3

電解質	イオン	化学電池
水に溶けると，水溶液が電流を通す物質。	原子が＋，または，－の電気を帯びた粒子。	化学エネルギーから電気エネルギーをとり出す装置。

1 電解質とイオン

★ **電解質**……水に溶けると，水溶液が電流を通す物質を電解質という。電解質は，水に溶けるとイオンに分かれる(電離する)ため，水溶液に電流が流れるようになる。

（電解質：エタノールや砂糖は，非電解質である）
（イオン：原子が＋，または，－の電気を帯びた粒子）

2 電気分解

(1) **塩酸の電気分解**……陽極から**塩素**，陰極から**水素**が発生する。
塩素は水に溶けやすいため，水素よりも得られる体積が少なくなる

$2HCl \longrightarrow H_2 + Cl_2$

(2) **塩化銅の電気分解**……陽極では**塩素**が発生し，陰極では表面に銅が付着する。
（陽極：電源の＋極とつないだ電極）（陰極：電源の－極とつないだ電極）（銅：赤色の金属）

$CuCl_2 \longrightarrow Cu + Cl_2$

3 化学変化と電池

(1) **化学電池**……2種類の金属を電解質の水溶液の中に入れると，**化学エネルギーを電気エネルギー**としてとり出すことができる。
（化学電池を単に電池ということもある）

(2) **燃料電池**……水素と酸素から水ができる化学変化を利用して，電気エネルギーをとり出すしくみ。反応後に水だけが生じる。
（$2H_2 + O_2 \longrightarrow 2H_2O$）

電子の流れ　電流の流れ　セロハン膜　Cu^{2+}　Zn^{2+}　Cu　亜鉛板　銅板　SO_4^{2-}　SO_4^{2-}　硫酸亜鉛水溶液　硫酸銅水溶液

入試得点アップ

原子とイオン

① **原子の構造**

電子　中性子　陽子　原子核

② **陽イオンと陰イオン**

原子　電子を受けとる→　陰イオン

ダニエル電池のしくみ

① －極である亜鉛板から亜鉛原子が電子を放出して溶け出す。
② ＋極である銅板で，銅イオンが電子を受けとって銅原子となり，銅板上に付着する。
③ セロハン膜を亜鉛イオンや硫酸イオンが通過するため，長い時間電圧を安定して得ることができる。

サクッと確認

① 電解質が水に溶けるとイオンに分かれることを何といいますか。　① 電離
② 原子が電子を失うことによってできるイオンは，陽イオンと陰イオンのどちらですか。　② 陽イオン
③ 塩酸を電気分解すると，たまった気体が多くなるのは陽極と陰極のどちらですか。　③ 陰極
④ 銅板と亜鉛板を電極にして電池をつくると，＋極はどちらの板ですか。　④ 銅板

やってみよう!入試問題

解答p.8

目標時間 10 分

分

1

次の文を読み，あとの問いに答えなさい。〔岐阜〕

ビーカーに 10 %の塩化銅水溶液（すいようえき）を 200 cm^3 入れ，2 本の炭素棒を電極とし，図のような装置をつくった。3 V の電圧を加えると，豆電球が点灯し，電流が流れていることがわかった。3 V の電圧を加えたまま 2 分間電流を流したところ，電極 A の表面には赤色の物質が付着し，電極 B の表面からはプールの消毒剤（しょうどくざい）のようなにおいがする気体 X が発生した。その後，ビーカーから電極をとり出し，電極 A の表面に付着した赤色の物質をろ紙の上に落とした。赤色の物質を金属の薬品さじで軽くこすると，金属光沢（こうたく）が現れ，銅であることがわかった。

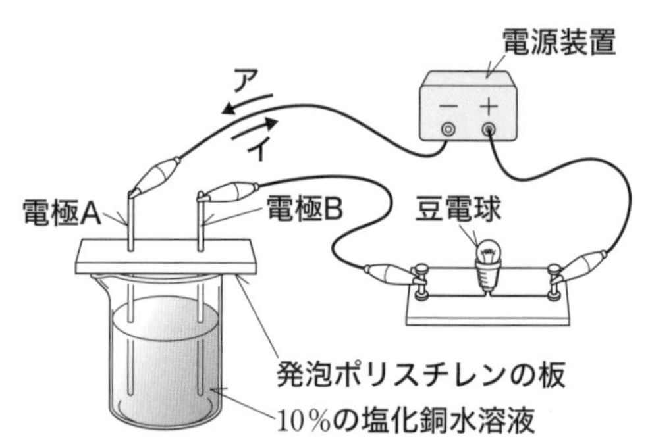

(1) 塩化銅のように，水に溶（と）かしたときに電流が流れる物質を何といいますか。
[　　　　　]

(2) 装置に電圧を加えたときの電子の移動の向きは，図の**ア**，**イ**のどちらですか。
[　　　　　]

(3) 発生した気体 X は何ですか。次の**ア**～**エ**から 1 つ選びなさい。[　　　　　]

ア 水素　**イ** 塩素　**ウ** 窒素（ちっそ）　**エ** 二酸化炭素

2

電池のしくみを調べるため，図のように，銅板と亜鉛板（あえんばん）を使って，うすい塩酸で湿（しめ）らせたろ紙をはさんだ装置をつくり，電子オルゴールをつないだところ，メロディが鳴りました。次の問いに答えなさい。〔熊本－改〕

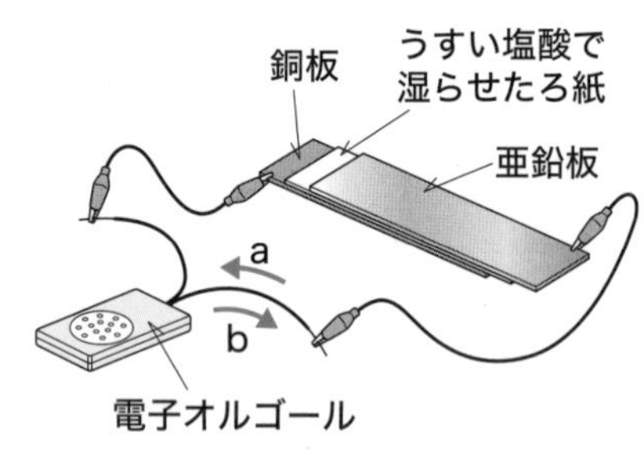

よく出る!

(1) 塩酸中の塩化水素と同じように，電解質であるものを次の**ア**～**エ**から 2 つ選びなさい。[　　　,　　　]

ア 水酸化ナトリウム　**イ** 砂糖　**ウ** エタノール　**エ** 塩化ナトリウム

ココ注意!

(2) 次の文の①，②の(　)の中からそれぞれ正しいものを 1 つずつ選びなさい。

上の図について，銅板は①(**ア** ＋極　**イ** －極)であり，電子は②(**ア** a の向き　**イ** b の向き)に移動する。　①[　　　　]　②[　　　　]

(3) この実験において，銅板の表面から発生する気体は何ですか。化学式で答えなさい。
[　　　　　]

亜鉛板では，亜鉛原子がうすい塩酸中に溶け出している。

12

化学／3年

酸・アルカリとイオン

［　　月　　日］

入試重要ポイント TOP3

酸
水溶液にしたとき，水素イオンを生じる物質。

アルカリ
水溶液にしたとき，水酸化物イオンを生じる物質。

中　和
酸とアルカリを混ぜたとき，水と塩を生じる化学反応。

1 酸とアルカリ

(1) **酸**……水溶液（すいようえき）にしたとき，水素イオン（H^+）を生じる物質。

(2) **アルカリ**……水溶液にしたとき，水酸化物イオン（OH^-）を生じる物質。

2 中　和

(1) **中和**……酸とアルカリを混ぜたとき，水と塩（えん）を生じる化学反応。
酸の**水素イオン**とアルカリの**水酸化物イオン**が結びついて，**水**ができる。

$$H^+ + OH^- \longrightarrow H_2O$$

(2) **塩**……酸の陰（いん）**イオン**とアルカリの**陽イオン**が結びついてできる物質。中和する薬品の種類によって，できる塩は異なる。

(3) **中和とイオンの数の変化**

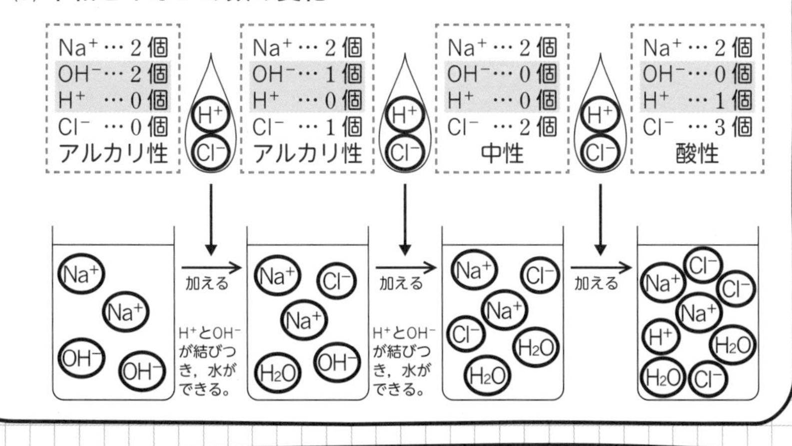

入試得点アップ

指示薬

	酸性	中性	アルカリ性
BTB液	黄	緑	青
フェノールフタレイン液	無色	無色	赤
リトマス紙	青→赤	変化なし	赤→青

pH

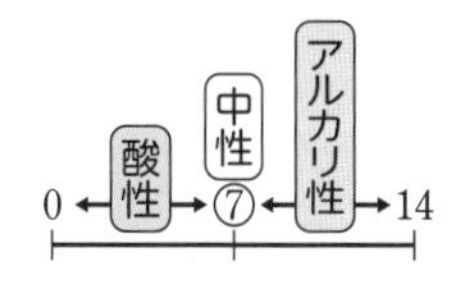

代表的な中和

① 塩酸＋水酸化ナトリウム⟶水＋塩化ナトリウム
$HCl + NaOH \longrightarrow H_2O + NaCl$

② 硫酸（りゅうさん）＋水酸化バリウム⟶水＋硫酸バリウム
$H_2SO_4 + Ba(OH)_2 \longrightarrow 2H_2O + BaSO_4$

サクッと確認

① BTB液は，アルカリ性では何色を示しますか。
② アルカリ性の水溶液のpHは，7よりも大きいですか，小さいですか。
③ 水酸化物イオンを化学式で書きなさい。
④ 水溶液にしたとき，水素イオンを生じる物質を何といいますか。
⑤ うすい水酸化ナトリウム水溶液にうすい塩酸を加えたところ，水溶液の性質が酸性になりました。このとき，確実に水溶液中に最も多く含（ふく）まれるイオンは何イオンですか。化学式を書きなさい。

① 青　色
② 大きい
③ OH^-
④ 酸
⑤ Cl^-

やってみよう！入試問題

解答p.8

目標時間10分 　分

1

次の実験について，あとの問いに答えなさい。〔福島－改〕

〔実験〕Ⅰ 図1のように，ビーカーに塩酸10 cm^3をとり，これにBTB液を2，3滴(てき)入れた。

Ⅱ 図2のように，実験のⅠの水溶液(すいようえき)に，水酸化ナトリウム水溶液を少しずつ加え，ガラス棒でよくかき混ぜた。水溶液の色の変化から，水溶液の性質を判断したが，実験のⅡを通して，水溶液中に塩(えん)の結晶(けっしょう)は見られなかった。

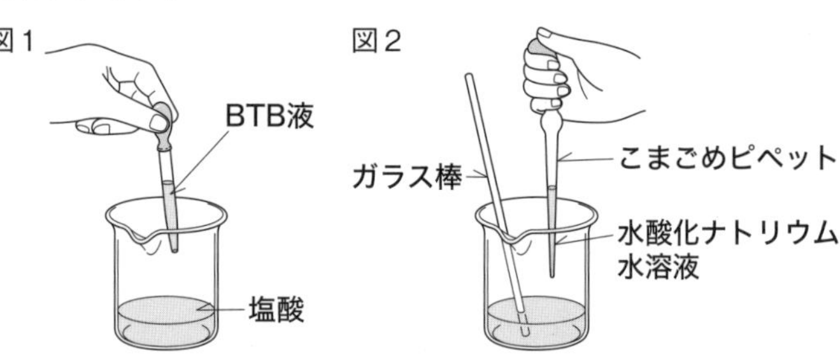

(1) 塩酸は，無色で刺激臭(しげきしゅう)のある気体を水に溶(と)かしたものです。この気体は何ですか。物質名を書きなさい。［　　］

(2)〔実験〕について，次の①，②の問いに答えなさい。

① 次の文は，水溶液が中性になったと判断したことについてまとめたものです。X，Yにあてはまる語句の組み合わせはどのようになりますか。右の**ア**～**カ**の中から1つ選びなさい。［　　］

	X	Y
ア	青	緑
イ	青	黄
ウ	緑	青
エ	緑	黄
オ	黄	青
カ	黄	緑

> 実験のⅠで，BTB液を入れた水溶液の色は［ X ］であったが，実験のⅡで，水溶液の色が［ Y ］になったので，水溶液が中性になったと判断した。

② 水溶液が中性になったのは，水溶液中の水素イオンが水酸化物イオンと結びつく中和が起こったためです。このとき結びついてできた物質は何ですか。化学式で書きなさい。［　　］

(3) 次の文は，実験のⅡで，水溶液が中性になったあと，さらに水酸化ナトリウム水溶液を加えたときの水溶液について述べたものです。①，②にあてはまる語句の組み合わせはどのようになりますか。下の**ア**～**エ**の中から1つ選びなさい。［　　］

> 水溶液が中性のときの色から別の色に変化した。このことから，水溶液のpHは7より［ ① ］なったと考えられる。また，水溶液中には塩の結晶が見られなかったことから，水溶液中の［ ② ］の数は，実験のⅡを通して，変化しなかったと考えられる。

ア ①小さく ②ナトリウムイオン　**イ** ①小さく ②塩化物イオン

ウ ①大きく ②ナトリウムイオン　**エ** ①大きく ②塩化物イオン

塩は水溶液中で電離(でんり)したままである。塩酸は実験を通して加えていないことから考える。

サクッ!と入試対策 ③

解答p.9　目標時間 10 分　　分

1

次の実験について，あとの問いに答えなさい。〔宮崎－改〕

〔実験〕 ① ビーカーに固体のろうを入れ，ゆっくり加熱して液体にしながら，温度変化を調べた。

② すべてのろうが液体になったら，図1のように，液面の高さに印をつけて，ビーカーごと質量をはかった。

③ ろうを冷やして固体にし，体積の変化を調べた。また，ビーカーごと質量をはかった。

図1

図2

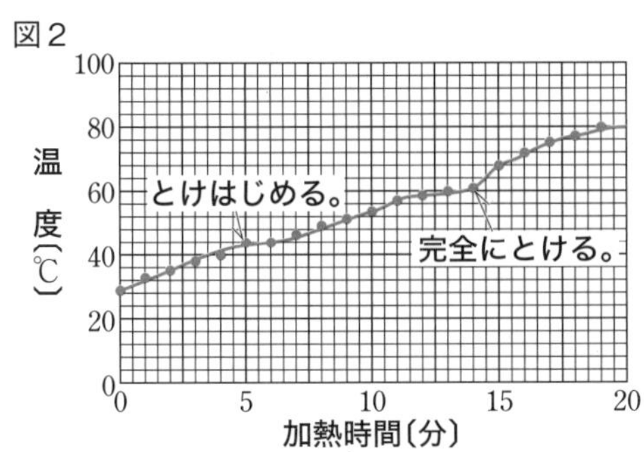

図3

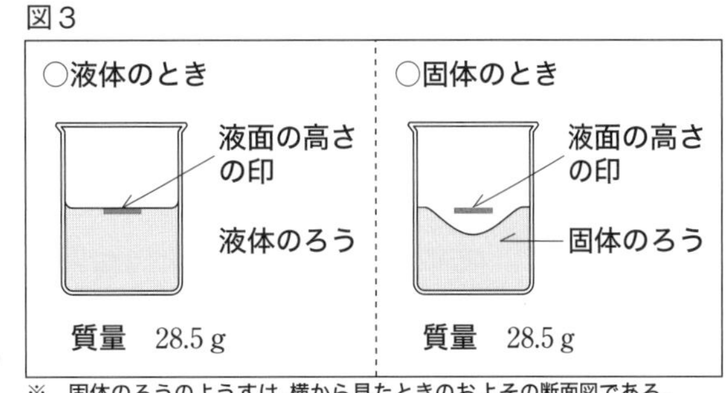

※ 固体のろうのようすは，横から見たときのおよその断面図である。

記述 (1) 図2は，①の結果をグラフに表したものです。ろうは純粋（じゅんすい）な物質，混合物のどちらですか。また，そのように判断した理由を「融点（ゆうてん）」という言葉を使って書きなさい。

［　　］［　　］

間違えやすい (2) 図3は，②，③の結果をまとめたものです。ろうが液体から固体に状態変化するとき，密度はどうなりますか。次のア～ウから1つ選びなさい。［　　］

ア 小さくなる。　**イ** 変わらない。　**ウ** 大きくなる。

2

図のように，ポリエチレンの袋（ふくろ）の中に，乾（かわ）いた塩化コバルト紙とともに，水素 50 cm^3 と酸素 25 cm^3 の混合気体を入れて点火すると，一瞬（いっしゅん），炎（ほのお）が出て激しく反応したあと，袋がしぼんで中がくもりました。次の問いに答えなさい。〔三重－改〕

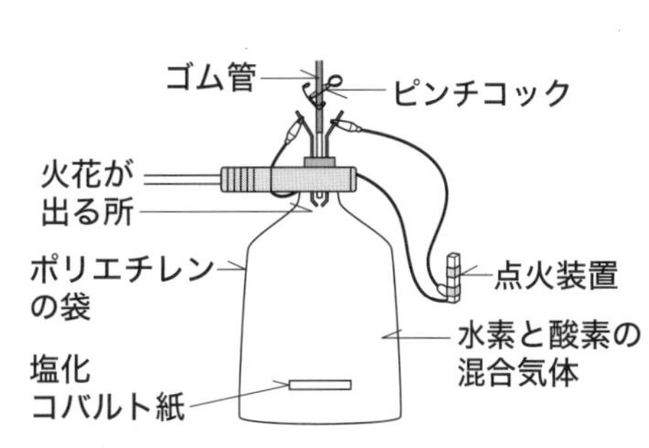

(1) 実験で水ができたことがわかりました。それは，塩化コバルト紙の色が何色から何色に変化したからですか。［　　］

(2) この実験と同様に水が発生する実験をすべて選びなさい。［　　］

ア 酸化銀を加熱する。　**イ** 酸化銅と炭素の混合物を加熱する。

ウ 炭酸水素ナトリウムを加熱する。　**エ** エタノールを燃やす。

質量は変化せずに体積が変化している。

［　月　日］

サクッ!と入試対策 ④

解答p.9

目標時間 10 分　　分

1

次の実験について，あとの問いに答えなさい。〔富山〕

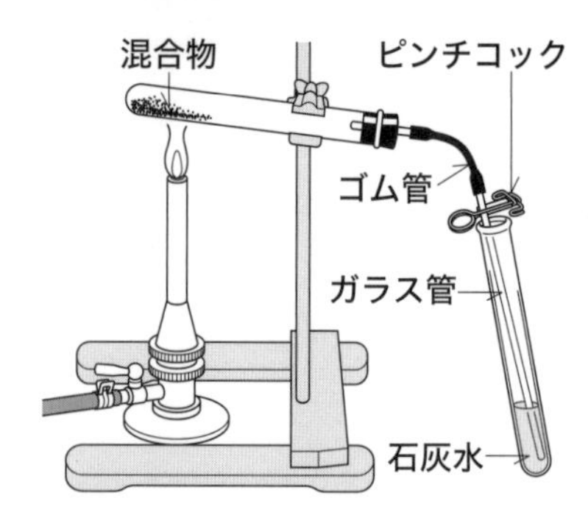

〔実験〕 ① 図の装置を使って，酸化銅 4.00 g に炭素の粉末を，班ごとに質量を変えてはかりとり，よく混ぜ合わせ加熱した。

② 気体が発生しなくなったところで火をとめ，十分冷えてから試験管に残った物質の質量をはかった。

③ B班では，試験管内の酸化銅と炭素の粉末がすべて反応し，気体のほかには赤色の物質（銅）だけが残っていた。右の表は，実験の各班の結果である。

班	A	B	C	D	E
加えた炭素の質量〔g〕	0.15	0.30	0.45	0.60	0.75
試験管に残った物質の質量〔g〕	X	3.20	3.35	3.50	3.65

(1) B班が行った実験での化学変化を次の［　］にならってモデルで表しなさい。ただし，◎は銅原子，●は炭素原子，○は酸素原子を表すものとします。

［　　　　　　　　　　］

やや難 (2) 表のXにあてはまる質量を求めなさい。ただし，試験管内では酸化銅と炭素の粉末以外の反応は起こらないものとします。［　　　　］

2

次の実験について，あとの問いに答えなさい。〔山口〕

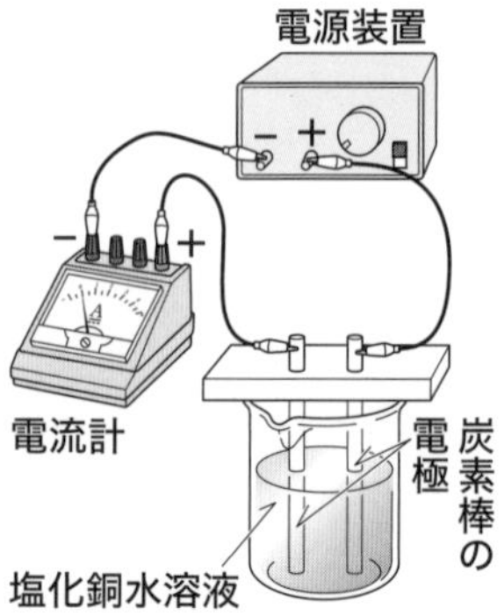

〔実験〕 ① 図のように，ビーカーに 10 %の塩化銅水溶液（すいようえき）を入れ，炭素棒の電極を差しこみ，電流計，電源装置と直列につないだ。

② 電源装置のスイッチを入れると，電流計の針が振（ふ）れ，陰（いん）極（きょく）に赤褐色（せきかっしょく）の固体が付着し，陽極から気体が発生した。

③ しばらくして電源装置のスイッチを切った。

④ 陽極付近の水溶液をこまごめピペットでとり，赤インクで着色した水が入った試験管に加えると，試験管内の赤い色が消えた。

電源装置
電流計
炭素棒の電極
塩化銅水溶液

(1) 塩化銅の電気分解を，化学反応式で書きなさい。［　　　　　　　　］

間違えやすい (2) 塩化銅水溶液中に存在するイオンのうち，④の結果から，電気の種類を確かめることができる「イオンの名称（めいしょう）」を書きなさい。また，そのイオンがもつ「電気の種類」を＋，－で答えなさい。

名称［　　　　　　］　**電気の種類**［　　　　］

塩化銅水溶液は，銅イオンと塩化物イオンに電離（でんり）する。

13 生物／1年 植物のつくり

［　月　日］

入試重要ポイント TOP3

受粉	種子植物の分類	根毛
やくでつくられた花粉が，めしべの柱頭につくこと。	子房の有無で，被子植物と裸子植物に分けられる。	根の先端近くに多く生えている，毛のようなもの。

1 顕微鏡（けんびきょう）

★ **顕微鏡の使い方**……レンズを最も低倍率にしてから，しぼりと反射鏡を使って視野を明るくする。横から見ながら調節ねじを回して，対物レンズをステージにのせたプレパラートにできるだけ近づける。接眼レンズをのぞきながら，プレパラートと対物レンズを遠ざけてピントを合わせる。

↳直射日光の当たらない，水平な場所で使う

↳倍率を変えるときにはレボルバーを回す

接眼レンズ
鏡筒
レボルバー
アーム
対物レンズ
クリップ
ステージ
調節ねじ
しぼり
反射鏡

▲ステージ上下式顕微鏡

2 花のつくりとはたらき

(1) **花のつくり**……外側から順に，がく，花弁，おしべ，めしべがついている。おしべの先端（せんたん）のやくでつくられた花粉が，めしべの柱頭につくことを受粉という。受粉後，子房（しぼう）が果実になり，胚珠（はいしゅ）が種子になる。

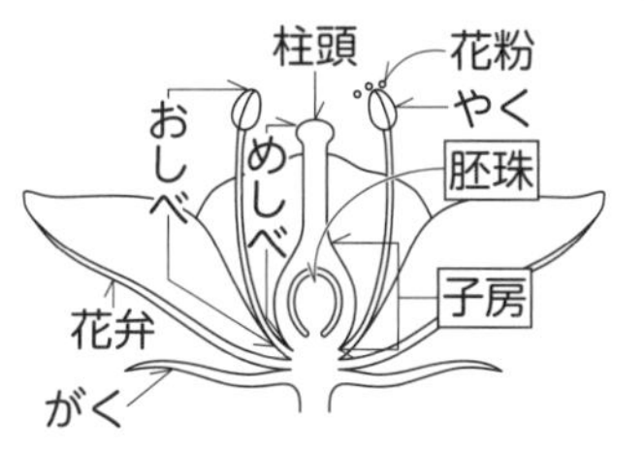

(2) **種子植物の分類**……被子（ひし）植物と裸子（らし）植物に分けられる。

↳種子をつくる植物　↳胚珠が子房の中にある　↳胚珠がむき出し

3 根のつくりとはたらき

(1) **根のつくり**……主根と側根からなる根をもつ植物，ひげ根をもつ植物に分けられる。

↳タンポポなど　↳イネなど

(2) **根のはたらき**……根を土の中に広げることで体を支えたり，水を体内へとり入れる。根の先端近くには根毛が多く生えている。

↳表面積を広げ，水の吸収効率を上げる

入試得点アップ

双眼実体顕微鏡

観察物を立体的に観察できる。

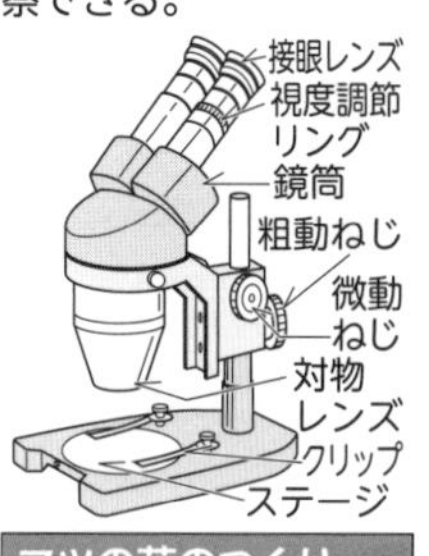

マツの花のつくり

① 雌花（めばな）

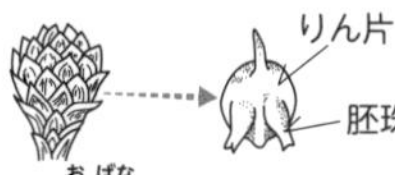

② 雄花（おばな）

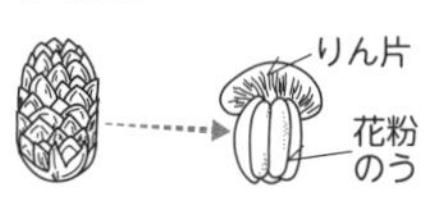

根のつくり

① タンポポの根

② イネの根

サクッと確認

問題	答え
① 顕微鏡を使うとき，視野を明るくするには，しぼりと何を調節しますか。	① 反射鏡
② 花のつくりのうち，受粉すると種子になる部分を何といいますか。	② 胚　珠
③ 種子植物のうち，子房をもつ植物を何といいますか。	③ 被子植物
④ 種子植物のうち，子房をもたない植物を何といいますか。	④ 裸子植物
⑤ イネなどがもつ，たくさんの細い根を何といいますか。	⑤ ひげ根

[　　月　　日]

やってみよう!入試問題

解答p.10

目標時間 10 分　　　分

1 学校周辺で見られる植物について調べるために，マツ，アブラナ，サクラの花のつくりを観察しました。次の問いに答えなさい。〔鳥取〕

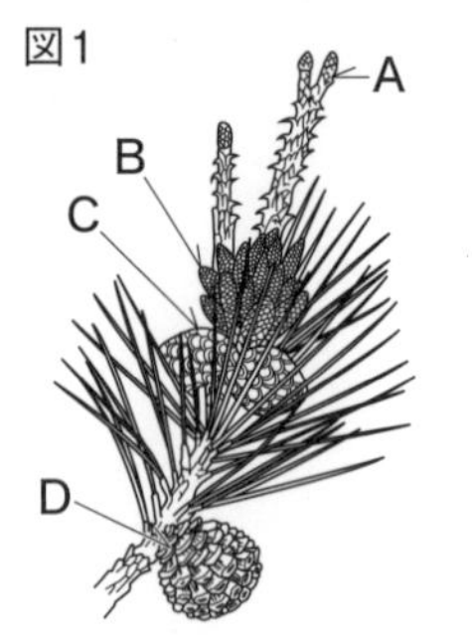

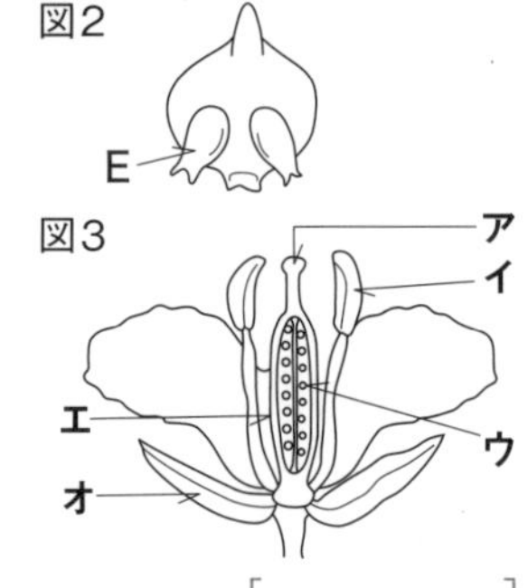

(1) マツ，アブラナ，サクラのように，花を咲(さ)かせてなかまをふやす植物をまとめて何といいますか。[　　　　]

(2) 図1は，マツの枝と花を示したものです。「花粉のう」がある花を，図1のA～Dから1つ選び，記号で答えなさい。[　　　　]

(3) 図2は，図1のAの一部をルーペで観察したものです。また，図3は，アブラナの花のつくりを示したものです。

① 図2のEの部分を何といいますか。その名称(めいしょう)を答えなさい。[　　　　]

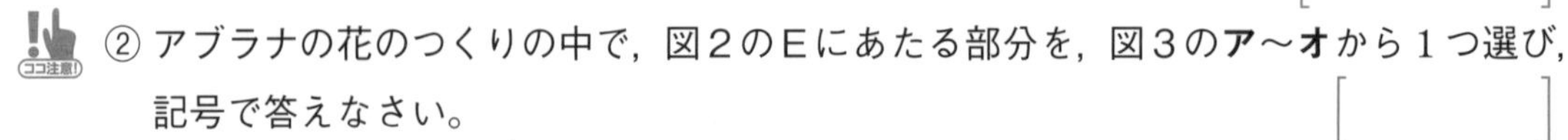

② アブラナの花のつくりの中で，図2のEにあたる部分を，図3の**ア**～**オ**から1つ選び，記号で答えなさい。[　　　　]

2 Sさんは，植物のからだのつくりについて調べるため，校庭の花だんに植えられていたホウセンカを採取し，根のつくりを観察しました。次の問いに答えなさい。〔埼玉〕

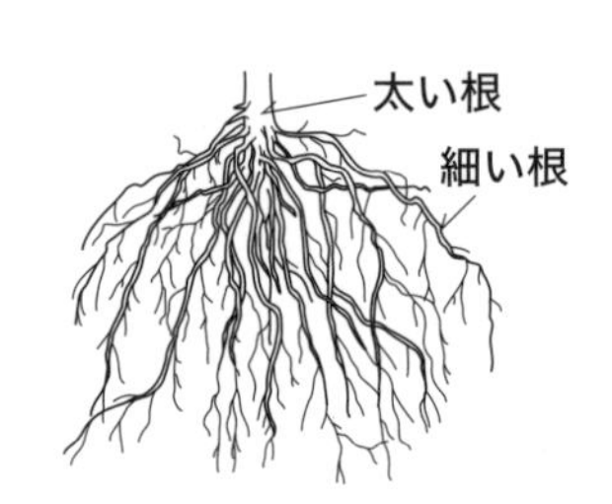

〔観察〕

ホウセンカの根は，太い根から細い根が枝分かれしたつくりをしていた。図は，ホウセンカの根をスケッチしたものである。

〔調べてわかったこと〕

ホウセンカのからだのつくりを図鑑(ずかん)で調べたところ，根のうち，太い根は主根，細い根は側根ということがわかった。また，細い根の先端(せんたん)近くには，綿毛に似た細い毛のようなものが数多くあり，このつくりがあることによって，水や水に溶(と)けた養分を効率よく吸収できることがわかった。

(1) 調べてわかったことの下線部のつくりを何といいますか。その名称を書きなさい。[　　　　]

(2) 調べてわかったことの下線部のつくりがあることによって，なぜ水や水に溶けた養分を効率よく吸収できるのですか。その理由を書きなさい。

[　　　　　　　　　　　　　　　　　　　　]

アブラナの胚珠(はいしゅ)は，子房(しぼう)の中にある。また，胚珠は受粉後に種子になるところである。

14 生物／1年 植物・動物の分類

[　　月　　日]

入試重要ポイント TOP3

被子植物の分類
被子植物は，単子葉類と双子葉類に分類される。

胞子でふえる植物
シダ植物とコケ植物は種子をつくらず胞子でふえる。

動物の分類
セキツイ動物と無セキツイ動物に分けられる。

1 植物の分類

(1) 植物のなかま分け

種子をつくるか
- つくらない…コケ植物，シダ植物（胞子のうで胞子をつくる）
- つくる → 胚珠のようす
  - → むき出し…裸子植物
  - 子房の中にある……………………被子植物
    - → 平行脈，ひげ根……………単子葉類
    - → 網状脈，主根と側根……双子葉類

(2) 単子葉類と双子葉類(そうしようるい)のちがい

	発芽のようす	葉　脈	根
単子葉類	子葉が1枚	平行脈	ひげ根
双子葉類	子葉が2枚	網状脈	主根と側根

2 動物の分類

(1) セキツイ動物……背骨をもつ動物。

	魚 類	両生類	は虫類	鳥 類	ほ乳類
生活場所	水 中	子)水中／親)陸上	陸 上		
呼吸器官	え ら	子)えら／親)皮膚，肺	肺		
子の生まれ方	卵生(殻がない)		卵生(殻がある)		胎 生
体 表	うろこ	しめった皮膚	うろこ	羽 毛	毛

(2) 無セキツイ動物……背骨をもたない動物。節足動物（昆虫やカニなど），軟体動物(なんたい)（タコやアサリなど），その他の無セキツイ動物（ミミズやヒトデなど）に分けられる。

入試得点アップ

双子葉類の分類

合弁花類と離弁花類(りべん)に分類される。

① **合弁花類**…花弁がくっついている植物
例：タンポポ，ツツジ

② **離弁花類**…花弁が離(はな)れている植物
例：サクラ，アブラナ

胞子でふえる植物

① **シダ植物**(イヌワラビ)

② **コケ植物**(スギゴケ)

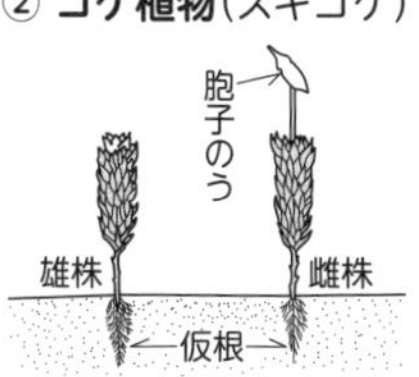

サクッと確認

① 網(あみ)の目のように通った葉脈を何といいますか。　① 網状脈

② タンポポは，単子葉類と双子葉類のどちらに分類されますか。　② 双子葉類

③ イヌワラビは，何でなかまをふやしますか。　③ 胞子(ほうし)

④ 子が母親の体内である程度育ってからうまれるうまれ方を何といいますか。　④ 胎生(たいせい)

⑤ 体が外骨格でおおわれた無セキツイ動物のなかまを何といいますか。　⑤ 節足動物

［　　月　　日］

やってみよう！入試問題

解答p.10

目標時間 10 分　　　分

1

図は，陸上の植物をA～Eのなかまに分けたものです。次の問いに答えなさい。〔山口〕

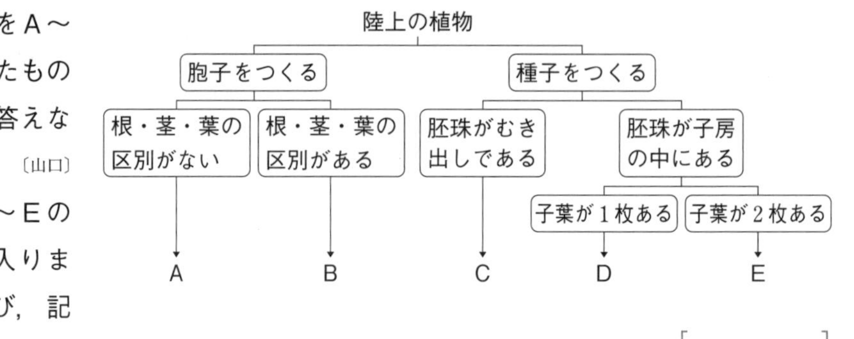

(1) マツは図のA～Eのどのなかまに入りますか。1つ選び，記号で答えなさい。［　　　］

よく出る！ (2) 図のEのなかまに入る植物としてアブラナがあります。アブラナの「根のつくり」「葉脈の通り方」はどのような特徴（とくちょう）をもちますか。右の模式図から，適切なものをそれぞれ選び，**ア**，**イ**の記号で答えなさい。

根のつくり　　葉脈の通り方

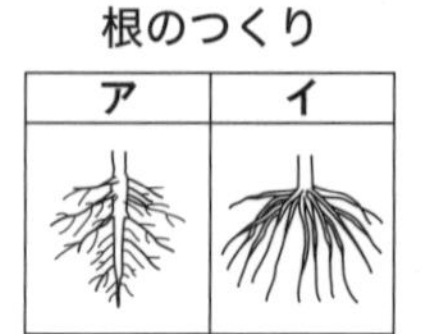

ア　イ

根のつくり［　　　］　**葉脈の通り方**［　　　］

2

次の表は，セキツイ動物であるイモリ，ウサギ，トカゲ，ハト，メダカの特徴を調べてまとめたものです。これについて，下の問いに答えなさい。〔新潟〕

動物＼特徴	呼吸器官	子の産み方	体の表面
A	肺	卵　生	うろこ
B	X	卵　生	粘液でおおわれた皮膚
C	肺	卵　生	羽　毛
D	肺	胎　生	毛
E	え　ら	卵　生	うろこ

(1) 表中のDにあてはまる動物として，最も適当なものを，イモリ，ウサギ，トカゲ，ハト，メダカのうちから1つ選び，書きなさい。［　　　］

(2) 表中のXにあてはまる呼吸器官として，最も適当なものを，次の**ア**～**エ**から1つ選び，その記号を書きなさい。［　　　］

ア　えら　　**イ**　肺

ウ　幼生はえら，成体は肺と皮膚（ひふ）

エ　幼生は肺と皮膚，成体はえら

(3) 表中のA～Eのうち，は虫類に分類される動物はどれですか。その記号を書きなさい。［　　　］

胎生（たいせい）でうまれるのはDだけであることに注目する。

生物／2年

植物と光合成，感覚器官

[　　月　　日]

入試重要ポイント TOP3

維管束	光合成	反　射
水や養分が通る道管と栄養分が通る師管からなる。	二酸化炭素と水からデンプンなどと酸素をつくる。	ある刺激に対して，無意識に起こる反応。

1 茎(くき)，葉のつくり

(1) **茎のつくり**……根から吸収した水が通る<u>道管</u>（茎の中心側を通る）と，葉でつくられた栄養分が通る<u>師管</u>（葉の外側を通る）が通っており，道管と師管をまとめて<u>維管束</u>(いかんそく)という。（単子葉類と双子葉類で並び方がちがう）

(2) **葉のつくり**……葉にも維管束が通っており，<u>葉脈</u>という。

（茎の外側）　師管　維管束　道管

▲茎の維管束(茎の中心側)

2 光合成と呼吸

(1) **光合成**……植物は，光を受けると，<u>二酸化炭素</u>と<u>水</u>を原料にして，細胞(さいぼう)内にある<u>葉緑体</u>で，<u>デンプン</u>（ヨウ素液をつけると青紫色になる）と<u>酸素</u>をつくる。（デンプンは成長に使われたり，からだに貯蔵されたりする）

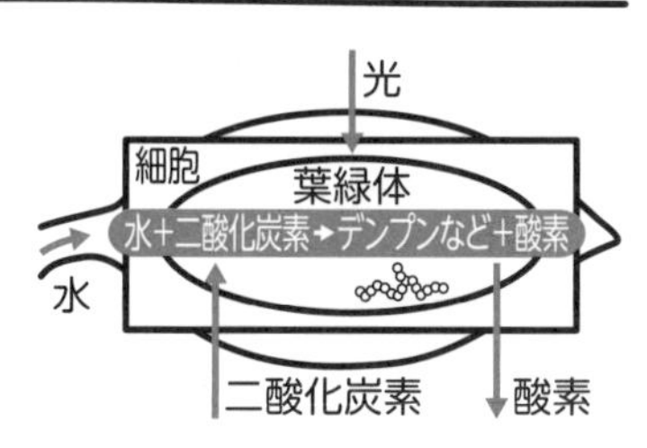

(2) **呼吸**……酸素をとり入れ，二酸化炭素を出している。呼吸は一日中行われている。（気孔が出入り口）（光があたっているときは，呼吸よりも光合成がさかん）

3 刺激(しげき)と反応

(1) **中枢(ちゅうすう)神経**……<u>脳</u>と<u>脊髄</u>(せきずい)からなる。（神経系の１つ）

(2) **末しょう神経**……<u>感覚神経</u>（感覚器官と脊髄をつなぐ）と<u>運動神経</u>（脊髄と運動器官をつなぐ）などがある。（神経系の１つ）

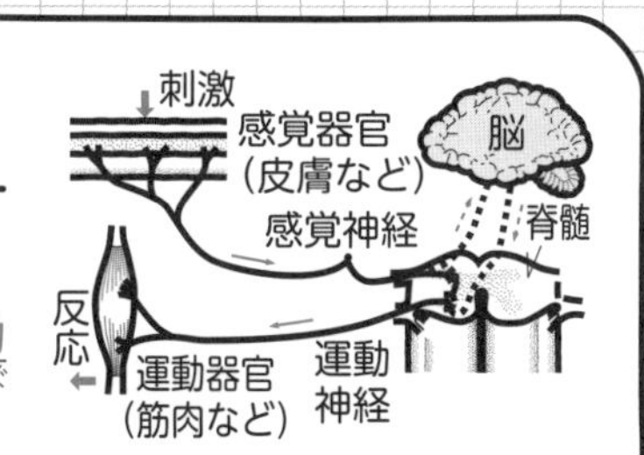

(3) **反射**……無意識に起こる反応。**感覚器官**で刺激を受けとり，信号が脊髄に伝えられ，<u>脊髄</u>から出された命令が**運動器官**に伝わることによって起こる。

入試得点アップ

生物の細胞のつくり

① **動物の細胞**

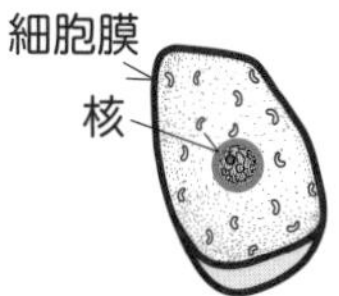

② **植物の細胞**

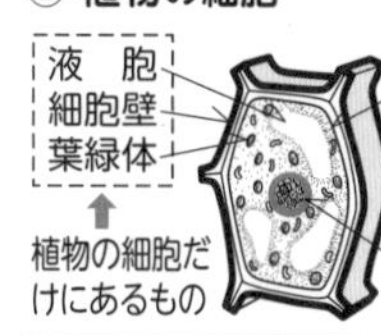

蒸散と気孔

① **蒸散**
根で吸収された水が，気孔(きこう)から水蒸気となって出ていくこと。

② **気孔のつくり**

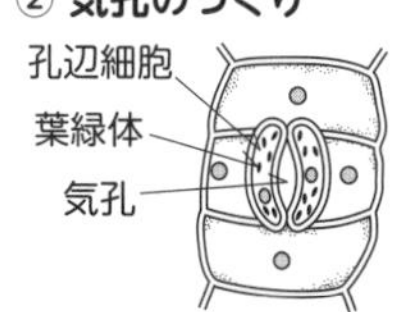

葉の断面

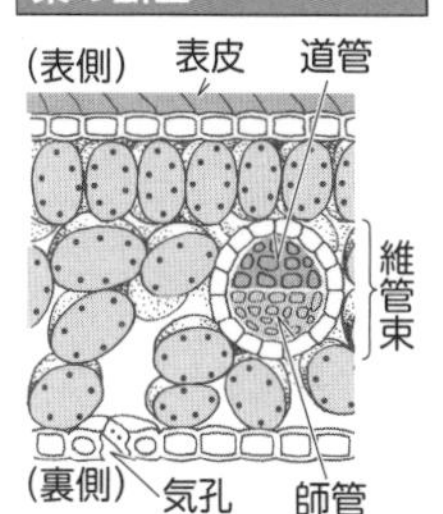

サクッと確認

問題	答え
① 根から吸収した水が通る管を何といいますか。	① 道　管
② 葉でつくられた栄養分が通る管を何といいますか。	② 師　管
③ 細胞にある緑色の粒で，植物が光合成を行う部分を何といいますか。	③ 葉緑体
④ 脳と脊髄をまとめて何といいますか。	④ 中枢神経
⑤ 脳や脊髄で出された命令を筋肉などへ伝える神経を何といいますか。	⑤ 運動神経

やってみよう!入試問題

解答p.11

目標時間 10 分

　　分

1 ホウセンカを用いて実験を行いました。あとの問いに答えなさい。〔京都－改〕

〔実験1〕 葉の枚数や大きさや色，茎(くき)の長さや太さがほぼ同じホウセンカの枝A～Cを用意し，枝Aはすべての葉の表側に，枝Bはすべての葉の裏側に，枝Cはすべての葉の両側にワセリンをぬった。

〔実験2〕 90 mLの水が入ったメスシリンダーを3本用意し，枝A～Cを図のようにそれぞれさし，油を注いで水面をおおった。

〔実験3〕 光が十分にあたる風通しのよい場所に3時間置き，それぞれのメスシリンダーの水の減少量を調べた。表は結果をまとめたものである。

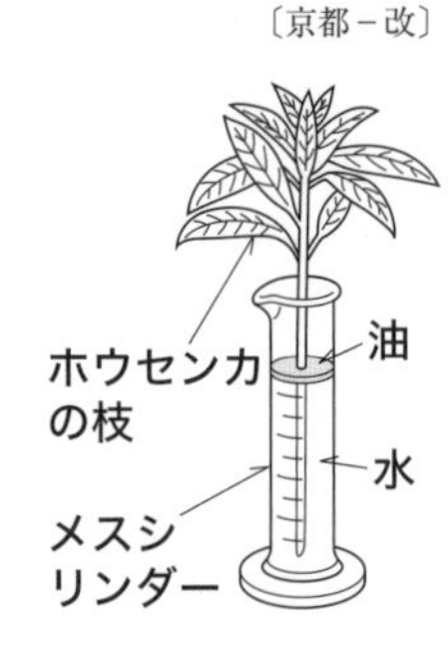

	水の減少量
枝A	6.6 mL
枝B	2.2 mL
枝C	1.0 mL

(1) 次の文は，実験の結果についてまとめたものである。[X]に入る最も適当な語句を漢字2字で書きなさい。また，[Y]・[Z]に入る語句をそれぞれ書きなさい。

　実験でメスシリンダーの水が減少したのは，植物の体の中に吸い上げられた水が，おもに気孔(きこう)を通して植物の体の表面から水蒸気となって蒸発する[X]という現象のためである。枝Aをさしたメスシリンダーは枝Bをさしたメスシリンダーと比べて水の減少量が多かったのは，葉の[Y]側の方が[Z]側より気孔の数が多いことによると考えられる。　X[　　　]　Y[　　　]　Z[　　　]

(2) ワセリンをどこにもぬらないホウセンカの枝を用いて，同様の手順で実験を行った場合，水の減少量は何mLになりますか。[　　　]

2 ヒトの行動1，2について，刺激(しげき)に対して反応するときの信号が伝わる経路を考えました。次の文を読み，あとの問いに答えなさい。

〔行動1〕 熱いやかんに手をふれたとき，熱いと感じる前に無意識に手を引っこめた。

〔行動2〕 手にかいろをのせたとき，あたたかく感じたので両手で握(にぎ)った。

　右の図の矢印は，ヒトの行動1で，刺激を受けとってから反応するまでに信号が伝わる経路を模式的に示したものです。ただし，A，Bは中枢(ちゅうすう)神経を表しています。〔鹿児島〕

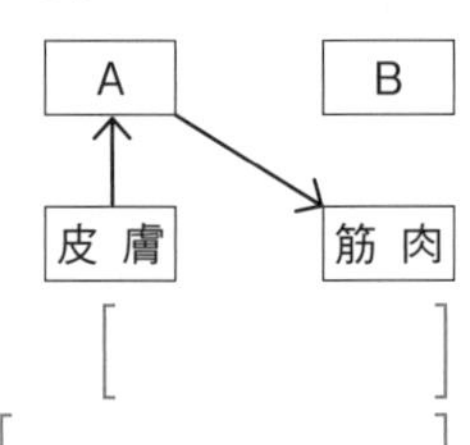

(1) 図のAの名称(めいしょう)を書きなさい。[　　　]

(2) 図のAから筋肉へ信号を伝える神経の名称を書きなさい。[　　　]

(3) ヒトの行動2で，刺激を受けとってから反応するまでに信号が伝わる経路を右の図に矢印で描(か)きなさい。

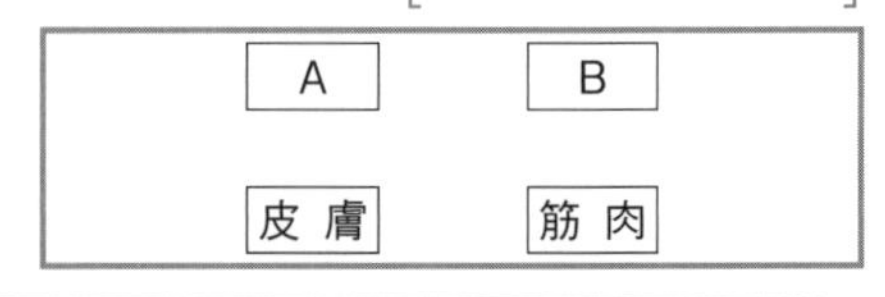

ココ注意! 行動2は，意識して行った動作である。

16 生物／2年 消化と吸収，呼吸と血液の循環

［　　月　　日］

入試重要ポイント TOP3

消化酵素	呼　吸	血液の循環
食物の養分を分解するはたらきをもつ物質。	酸素をとり入れ，二酸化炭素を排出すること。	肺を通る肺循環と肺以外の全身を通る体循環がある。

1 消　化

★ 消化液と消化酵素(こうそ)……デンプン，タンパク質，脂肪(しぼう)などの各栄養分(養分)にはたらく消化酵素は決まっている。

↳ブドウ糖に分解　↳アミノ酸に分解　↳脂肪酸とモノグリセリドに分解　↳消化液に含まれている

消化器官	消化液	消化酵素	はたらき
口	唾　液	アミラーゼ	デンプンを分解
胃	胃　液	ペプシン	タンパク質を分解
胆のう	胆　汁	－	脂肪の分解を助ける
すい臓	すい液	アミラーゼ	デンプンを分解
		トリプシン	タンパク質を分解
		リパーゼ	脂肪を分解

2 呼　吸

★ 肺のつくり……肺は，気管から枝分かれした気管支と，肺胞(はいほう)という小さな袋(ふくろ)が集まってできている。

↳表面積を広げ，気体の交換効率を上げる

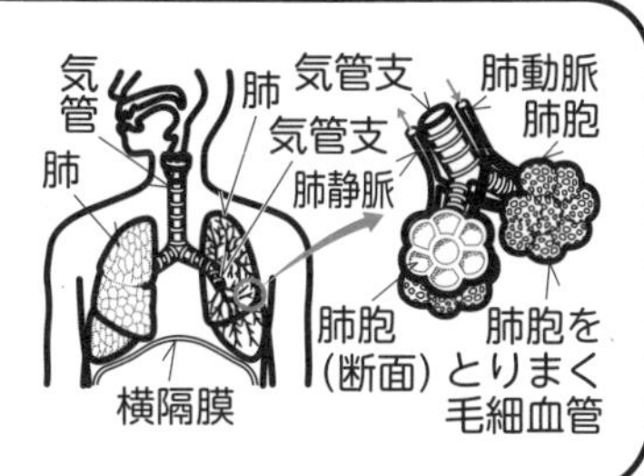

3 血　液

(1) 血管……心臓から送り出された血液が流れる血管を動脈といい，心臓にもどる血液が流れる血管を静脈という。

↳右心房，左心房，右心室，左心室の4つの部屋に分かれている　↳血液の逆流を防ぐ弁がある

(2) 血液の循環(じゅんかん)…次の2つがある。

- 肺循環……**心臓**→**肺**→**心臓**の順に血液が流れる。
- 体循環……**心臓**→**肺以外の全身**→**心臓**の順に血液が流れる。

入試得点アップ

心臓のつくり

右心房(うしんぼう)と右心室に静脈血が，左心房と左心室に動脈血が流れる。

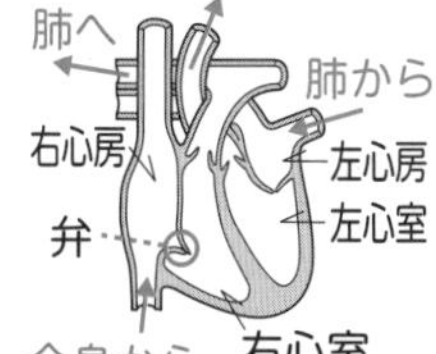

血液の成分

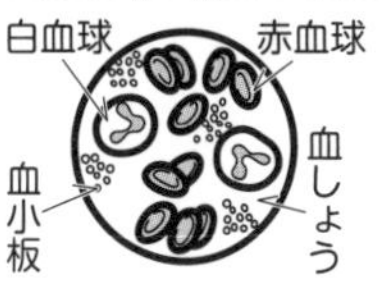

赤血球は酸素を運び，白血球は病原体を分解する。

排　出

アンモニアは肝臓(かんぞう)で尿素(にょうそ)に変えられ，腎臓(じんぞう)でこしとられ，尿として排出(はいしゅつ)される。

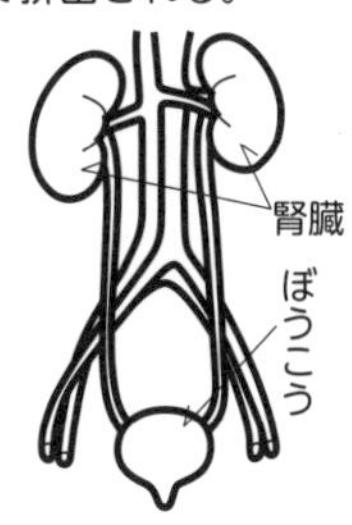

サクッと確認

① デンプンを分解する消化酵素(こうそ)を何といいますか。　① アミラーゼ

② 気管支の先に無数についている，小さな袋状のものを何といいますか。　② 肺　胞

③ 心臓→肺→心臓の順に流れる血液の循環を何といいますか。　③ 肺循環

④ 血液中から尿素などの不要物をこしとる器官を何といいますか。　④ 腎(じん)　臓(ぞう)

［　月　日］

やってみよう！入試問題

解答p.11

目標時間10分

分

1

唾液（だえき）のはたらきを調べる実験を行いました。あとの問いに答えなさい。〔広島〕

〔操作〕 Ⅰ．試験管Xにデンプン溶液（ようえき）10 cm^3 と水 2 cm^3 を入れ，試験管Yにデンプン溶液 10 cm^3 とうすめた唾液 2 cm^3 を入れ，それぞれよく振（ふ）り混ぜて，約36℃の湯に10分間入れた。

Ⅱ．試験管Xの溶液を2つに分けて試験管a・bに入れ，試験管Yの溶液を2つに分けて試験管c・dに入れた。

Ⅲ．試験管a・cにヨウ素液を加えた。試験管b・dにベネジクト液を加えて加熱した。

〔結果〕

	試験管の中の液体の色の変化	
	ヨウ素液との反応	ベネジクト液との反応
試験管X	試験管a：青紫色に変化	試験管b：変化なし
試験管Y	試験管c：変化なし	試験管d：赤褐色に変化

(1) この実験では，唾液以外の条件を同じにした実験をしています。このように，調べようとしている条件以外の条件を同じにして行う実験のことを何といいますか。

［　　　　］

(2) この実験からわかることについて述べた次の文章の ｉ ，ⅱ にあてはまるものを，あとの**ア**～**エ**の中からそれぞれ選びなさい。　ｉ［　　］　ⅱ［　　］

この実験では， ｉ の結果から，唾液のはたらきによってデンプンがなくなったことがわかる。また， ⅱ の結果から，唾液のはたらきによってブドウ糖がいくつかつながったものなどができたことがわかる。

ア　試験管aと試験管b　　**イ**　試験管aと試験管c

ウ　試験管bと試験管d　　**エ**　試験管cと試験管d

2

図は，ヒトの肺のモデル装置を示したものです。次の問いに答えなさい。〔群馬〕

ペットボトル
ゴム風船
ゴム膜
↓引く

(1) 肺は，胃や小腸などとは異なり，自ら運動することができません。その理由を，簡潔に書きなさい。

［　　　　］

(2) 図のペットボトルの下部につけたゴム膜（まく）を手で下に引くと，肺にみたてたゴム風船がふくらみました。ペットボトルの下部につけたゴム膜は，ヒトのからだの何にあたりますか，書きなさい。

［　　　　］

調べたいこと以外の条件が同じになっているものを比べる。

17 生物/3年 生物のふえ方と遺伝

［　　月　　日］

入試重要ポイント TOP3

生物の成長	有性生殖	遺　伝
細胞の数がふえ，細胞が大きくなることで成長する。	受精によって子をつくるふえ方。	親の形質が子に伝わること。

1 生物の成長

(1) **細胞分裂**(さいぼうぶんれつ)……1つの細胞が2つに分かれること。分裂前後で**染色体**(せんしょくたい)（↳細胞分裂のときに現れるひも状のもの）の数が変わらない**体細胞分裂**と，分裂後，**染色体**の数が半分になる**減数分裂**（生殖細胞がつくられるときの細胞分裂）がある。

(2) **生殖細胞**(せいしょく)……子孫を残すための特別な細胞。**卵**(らん)(**卵細胞**)と**精子**(**精細胞**)。

分裂前

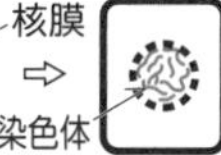
染色体が現れ，核膜が消える。

染色体が細胞の中の中央に並ぶ。

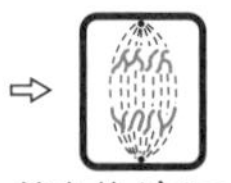
染色体が2つに裂け，両極に引かれる。

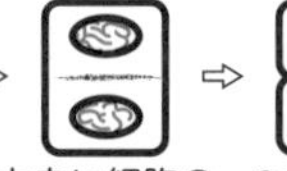
中央に細胞のしきりができる。

2つの細胞になる。

▲**体細胞分裂(植物細胞)**

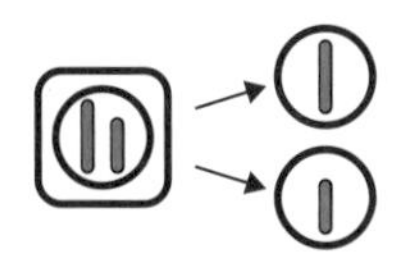

▲**減数分裂**

2 生物のふえ方

(1) **有性生殖**……**受精**(じゅせい)（↳2つの生殖細胞が合体すること）によって子をつくるふえ方。

(2) **無性生殖**（↳アメーバやじゃがいもなど）……受精によらずに子をつくるふえ方。

3 遺伝の規則性

(1) **遺伝**……親の**形質**（↱生物がもつ形や性質）が子に伝わること。

(2) **顕性形質**(けんせい)と**潜性形質**(せんせい)……**対立形質**（↳同時に現れない，対をなす形質）をもつ**純系**（↱代を重ねても形質が変わらない）の両親をかけ合わせて得られた子に現れる形質が**顕性形質**。現れなかった形質が**潜性形質**。

(3) **分離の法則**(ぶんり)……**減数分裂**の際，対になっている染色体が別々の生殖細胞に入ること。

入試得点アップ

メンデルの実験

① 代々丸い種子をつける個体と，代々しわの種子をつける個体を親としてかけ合わせると，子はすべて，丸い種子をつけた。

親(P)-- AA(丸)　aa(しわ)
親の生殖細胞A，A　a，a
子(F_1)------ Aa(丸)　Ⓐ顕性

② ①で得られた子(丸い種子)の自家受粉で得られた孫は，丸い種子としわのある種子を3：1の割合でつけた。

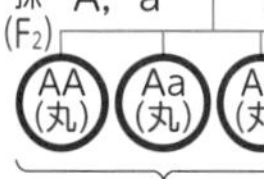

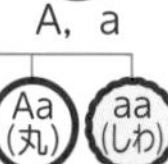

3　：　1

相同器官

現在の形やはたらきが異なるが，もとは同じものであったと考えられる器官。

例：ヒトのうで，クジラの胸びれ，ハトの翼(つばさ)。

サクッと確認

① 細胞分裂のとき，核(かく)の中に現れるひものようなものを何といいますか。　① 染色体

② 受精によって子をつくるふえ方を何といいますか。　② 有性生殖

③ 赤い花と白い花をかけ合わせたところ，子は赤い花であったとき，花の色について，顕性形質は赤色と白色のどちらですか。　③ 赤　色

［　月　日］

やってみよう!入試問題

解答p.12

目標時間 10 分　　分

1

細胞分裂のようすを観察するために，タマネギの根を使って，次のⅠ～Ⅲの手順でプレパラートをつくりました。これについて，あとの問いに答えなさい。〔新潟〕

Ⅰ．タマネギの根を先端から 5 mm ほど切りとり，60 ℃のうすい塩酸の中で 1 分間あたためたあと，よく水洗いした。

Ⅱ．その後，スライドガラスにのせ，柄つき針で細かくほぐし，染色液(酢酸カーミン液)を数滴加えた。

Ⅲ．3 分後に，カバーガラスをかけて，ろ紙をのせ，静かにおしつぶした。

(1) Ⅱの下線部分について，染色液を数滴加えたのは，細胞のどの部分を染色するためですか。最も適当なものを，次の**ア**～**エ**から 1 つ選び，その記号を書きなさい。

ア　細胞壁　　**イ**　細胞膜　　**ウ**　液胞　　**エ**　核　　［　　］

(2) 右の図は，できたプレパラートを顕微鏡で観察して，スケッチしたものです。図中のA～Dは，細胞分裂の過程におけるいろいろな段階の細胞です。A～Dの細胞を分裂の進む順に並べ，その記号を書きなさい。

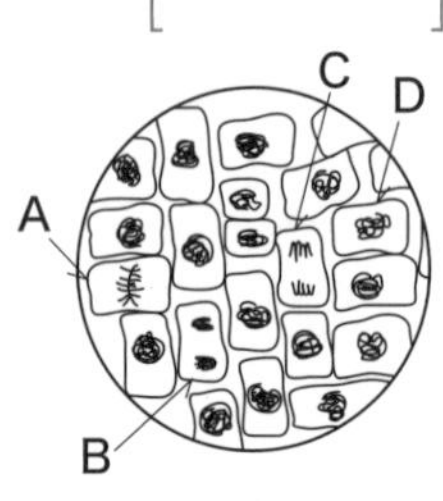

［　　→　　→　　→　　］

(3) タマネギの根が伸びるしくみを「細胞分裂」という語句を用いて書きなさい。

［　　］

2

図は，ヒキガエルの受精と発生を模式的に表したものです。次の問いに答えなさい。〔和歌山〕

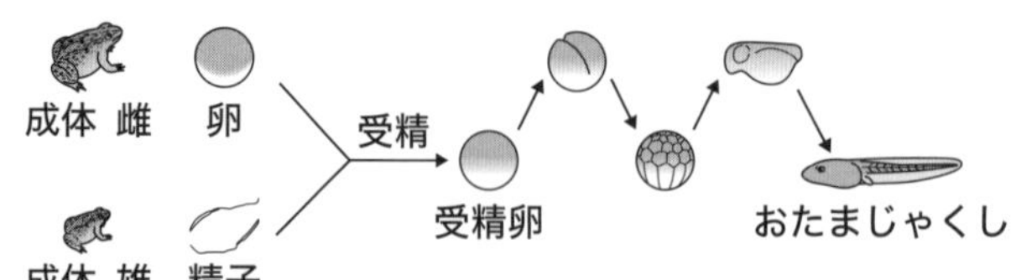

(1) 発生の中で，受精卵が細胞分裂を始めてから，自分で食物をとることのできる個体となる前までを一般に何というか，書きなさい。［　　］

(2) ヒキガエルのからだをつくる細胞(体細胞)の染色体の数は 22 本です。ヒキガエルの卵，受精卵の染色体の数はそれぞれ何本ですか。次の**ア**～**エ**の中から，正しい組み合わせを 1 つ選び，その記号を書きなさい。［　　］

ア　卵…11 本，受精卵…11 本　　**イ**　卵…11 本，受精卵…22 本

ウ　卵…22 本，受精卵…22 本　　**エ**　卵…22 本，受精卵…44 本

生殖細胞は，減数分裂によって染色体の数がはじめの半分になっている。

18 生物どうしのつながり

生物／3年

［　　月　　日］

入試重要ポイント TOP3

食物連鎖	生物のつりあい	物質の循環
「食べる，食べられる」という生物どうしのつながり。	生物の数量関係のつりあいは，一定に保たれている。	炭素や酸素などは自然界を循環している。

1 生物どうしのつながり

(1) **生態系**……ある地域にすむ**生物**と**環境**（かんきょう）を１つのまとまりとして見たもの。

(2) **食物連鎖**（れんさ）……「食べる，食べられる」という生物どうしのつながり。

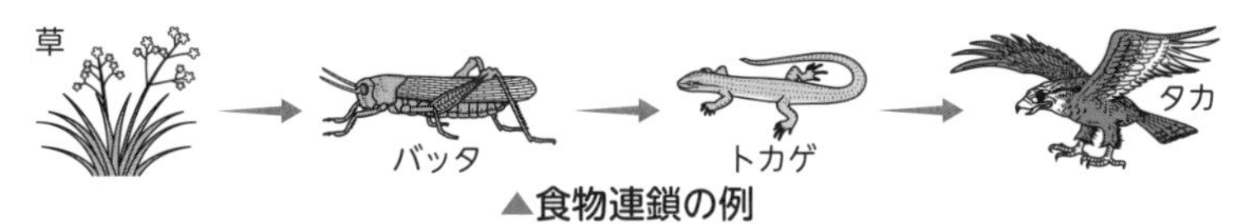

▲食物連鎖の例

(3) **生態系における生物の役割**……自分で栄養分をつくり出す生物を生産者（植物など），他の生物から栄養分をとり入れる生物を消費者（草食動物，肉食動物），消費者のうち，生物の死がいやふんなどから栄養分をとり入れる生物を分解者（小動物や，菌類・細菌類など）という。

2 物質の循環（じゅんかん）

★ 循環のしくみ

炭素や酸素などは，光合成，呼吸，食物連鎖などを通して自然界を循環している。

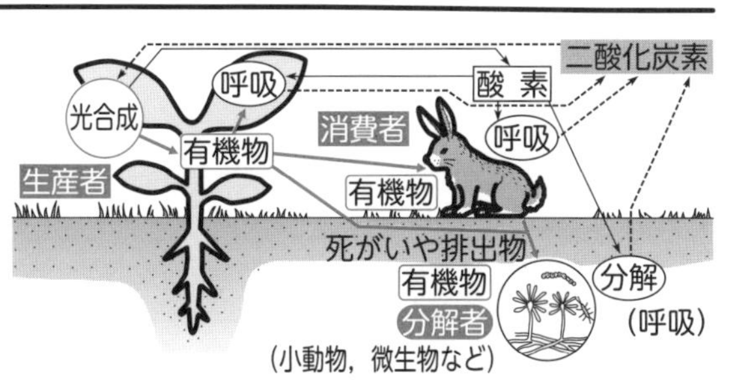

入試得点アップ

生物のつりあい

自然界で，ある生物の数量が大きく変化しても，長い時間をかけて，その生物の数量は再びもとの状態にもどっていく。

① つりあいのとれた状態

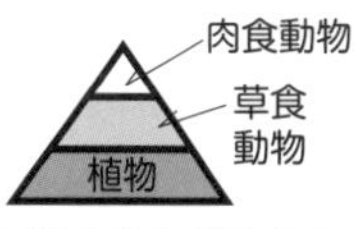

② 草食動物がふえる。

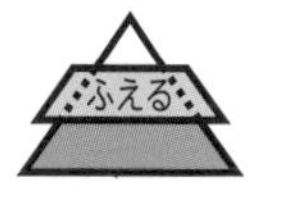

③ 草食動物に加え，肉食動物もふえるが，植物が減る。

④ 草食動物が減る。

⑤ もとにもどる(①)。

サクッと確認

① ある地域にすむ生物と環境を１つのまとまりとして見たものを何といいますか。　① 生態系

②「食べる，食べられる」という生物どうしのつながりを何といいますか。　② 食物連鎖

③ 生産者は何というはたらきによって栄養分をつくりだしていますか。　③ 光合成

④ ミミズは，生態系における役割から，生産者，消費者，分解者のうちのどれにあたりますか。　④ 分解者

⑤ カビやキノコのなかまを何類といいますか。　⑤ 菌類（きんるい）

[　　月　　日]

やってみよう!入試問題

解答p.12

目標時間 10 分

　　分

1

図は生態系における生物の関わりと物質に含まれる炭素の循環を模式的に表したものです。次の問いに答えなさい。ただし，図中の──→は有機物，……→は二酸化炭素の流れを表しています。〔長崎〕

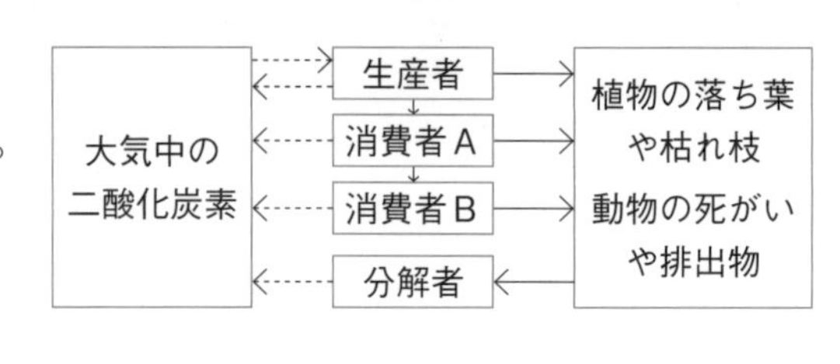

(1) 図の生産者にあてはまる生物として，最も適当なものを次の**ア**～**エ**から選びなさい。

ア　ミミズ　**イ**　アオカビ　**ウ**　モンシロチョウ　**エ**　アブラナ　[　　]

(2) 図で示した生産者，消費者A，消費者Bの生物の数量の変化について説明した次の文の(①)～(③)に，増加，減少のいずれかを入れ，文を完成させなさい。

①[　　]　②[　　]　③[　　]

> 消費者Aの数量が急激にふえると，生産者の数量は(①)し，消費者Bの数量は(②)する。その後，消費者Aの数量は(③)し，生産者と消費者Bの数量はもとにもどる。このように，生態系においては生産者や消費者などの生物の数量が一時的に変動しても，そのつりあいは，食物連鎖の中で一定に保たれる。

2

土の中の微生物のはたらきを調べる次の実験について，あとの問いに答えなさい。〔長崎〕

〔実験〕　図のように容器Xには落ち葉の下の土を，容器Yには十分に加熱したのち冷ました落ち葉の下の土をそれぞれ 100 g 入れた。次に，それぞれの容器に，うすいデンプン溶液 200 mL を入れ，ふたを閉めて 25 ℃の暗い場所においた。数日後，それぞれの容器内の二酸化炭素の割合とデンプンの量を調べると，容器Yよりも容器Xのほうが二酸化炭素の割合が高く，デンプンの量は少なかった。

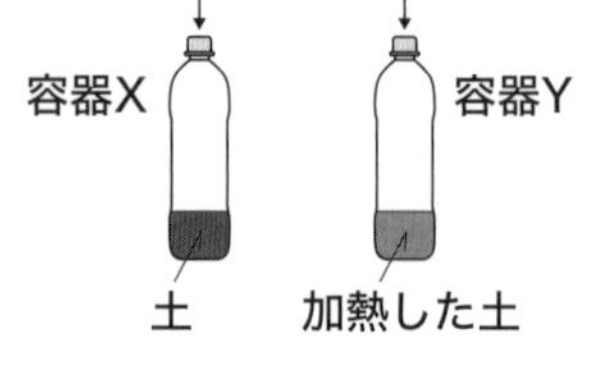

(1) 実験において，下線部の操作を行う理由について説明した次の文の(①)，(②)に適する語句を入れ，文を完成させなさい。

①[　　]　②[　　]

> 土の中のカビやキノコのような(①)類や乳酸菌のような(②)類などの微生物の量を減らして，加熱しなかった場合と比較するため。

(2) 実験の結果をもとに，土の中の微生物のはたらきを説明しなさい。ただし，説明には無機物，有機物という語句を用いなさい。

[　　]

ココ注意! 通常，食べる側の生物よりも，食べられる側の生物のほうが数量が多い。

生物／3年

19 科学技術・自然と人間

［　　月　　日］

入試重要ポイント TOP3

地球温暖化	化石燃料	原子力発電
温室効果ガスが増加し，地球の気温が上昇する現象。	石油，石炭，天然ガスなどのエネルギー資源。	ウランなどの核燃料を用いた発電方法。

1 人間と環境

(1) **地球温暖化**……**二酸化炭素**や**メタン**（温室効果ガスの1つ）などがもつ温室効果（地表から出ていく熱を再び地表にもどす効果）によって，地球の気温が上昇する現象。地球温暖化が進むと，海水面の上昇による低地の水没や，洪水，干ばつなどがふえるおそれがある。

(2) **オゾン層の破壊**……過去に使用されていたフロンガス（現在では生産が国際的に規制，禁止されている）によって，宇宙からの紫外線吸収の役割を果たしていたオゾン層が破壊されている。南極上空には**オゾンホール**（オゾンの量が極端に少なくなる現象）が存在する。

2 エネルギー資源と発電

(1) **限りある資源**……化石燃料（石油，石炭，天然ガス）や**核燃料**（ウランなど）は有限であり，これらを用いた発電方法が，**火力発電**や原子力発電である。

(2) **再生可能エネルギー**……太陽の**光エネルギー**など，自然界にいつも存在するエネルギー。このエネルギーを用いた発電方法として，太陽光発電，水力発電，風力発電，地熱発電などがある。

3 外来種の影響

★ **外来種（外来生物）**……ほかの地域から持ちこまれ，その地域に定着した生物。在来種（その地域にもともとすんでいた生物，在来生物ともよぶ）の生活をおびやかすことがある。

入試得点アップ

大気汚染

化石燃料を燃焼させると，窒素酸化物，硫黄酸化物，粉じんなど大気汚染の原因となるものが発生する。

再生可能エネルギー

① **水力発電**

② **風力発電**

③ **地熱発電**

サクッと確認

① 地表から出ていく熱を再び地表にもどす効果を何といいますか。　① 温室効果

② オゾン層が破壊される原因となっている物質は何ですか。　② フロンガス

③ ウランなどの核燃料を用いた発電方法を何といいますか。　③ 原子力発電

④ 石油，石炭，天然ガスなどのエネルギー資源を何といいますか。　④ 化石燃料

⑤ ほかの地域から持ちこまれ，地域に定着した生物を何といいますか。　⑤ 外来種（外来生物）

[　　月　　日]

やってみよう!入試問題

解答p.13

目標時間 10 分

　　分

1

科学技術に関する次の問いに答えなさい。

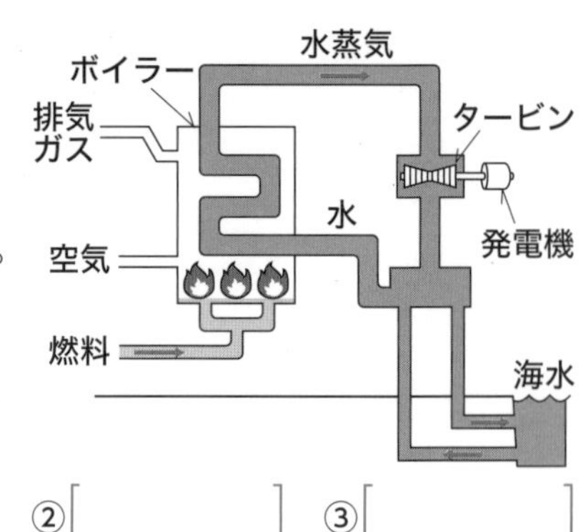

(1) 右の図は，火力発電のしくみを模式的に表したものです。この図をもとに，火力発電におけるエネルギーの移り変わりについて，次の文章にまとめました。文章中の［①］～［③］にあてはまる語句として最も適切なものを，下のア～オの中から1つずつ選び，記号で答えなさい。〔埼玉〕

①[　　　] ②[　　　] ③[　　　]

> 火力発電では，石油などの燃料を燃やし，それらがもっていた［①］エネルギーを［②］エネルギーに変えて高温の水蒸気をつくり，その水蒸気で発電機のタービンを回す。そして，タービンの［③］エネルギーを電気エネルギーに変えることによって発電している。

ア 光　**イ** 熱　**ウ** 位置　**エ** 運動　**オ** 化学

(2) 次の文の［　　］にあてはまる語句は何ですか。漢字3字で書きなさい。〔福島〕

[　　　]

> ［　　］には，アルファ線，ベータ線，ガンマ線，エックス線などの種類があり，物体を通り抜(ぬ)ける性質により医療(いりょう)検査や物体内部の検査に利用されている。一方，生物に悪い影響(えいきょう)をあたえる場合があるので，注意して取り扱(あつか)う必要がある。

2

(ココ注意!)

植物の光合成によるはたらきは，地球温暖化対策にも役立つものとされており，植林によって森林をふやすことで，大気中の二酸化炭素を削減(さくげん)する効果が期待されています。家庭1世帯から1年間に排出(はいしゅつ)される二酸化炭素を1年間で吸収するためには，何本の木が必要となるか，求めなさい。ただし，上の図のように，家庭1世帯からの二酸化炭素排出量を年間 5370 kg とし，葉は $1\ m^2$ あたり平均して年間 3.5 kg の二酸化炭素を光合成で吸収し，0.9 kg の二酸化炭素を呼吸で排出しているものとします。また，木1本の葉の総面積を $150\ m^2$ とし，木1本の葉以外の器官から呼吸によって排出される二酸化炭素の量を年間 380 kg とします。〔群馬〕

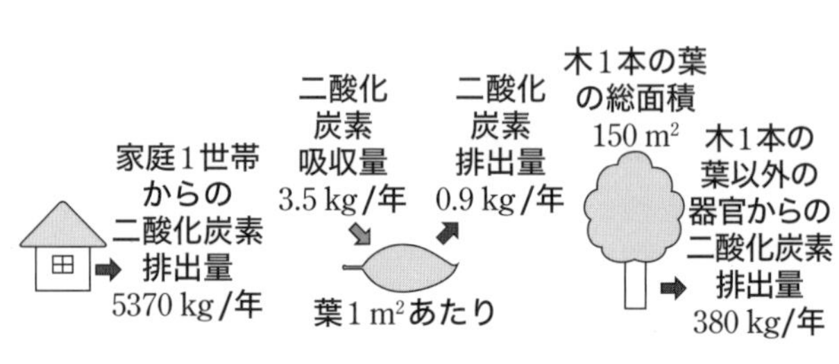

[　　　]

1本の木が吸収する二酸化炭素と，排出する二酸化炭素の量の差を求める。

サクッ!と入試対策 5

解答p.13　　目標時間 10 分　　　分

植物の種類			植物の例
(X)	被子植物	単子葉類	サ　サ
		双子葉類	エンドウ
	(Y)		イチョウ
シダ植物			イヌワラビ
コケ植物			エゾスナゴケ

X [　　　　　　] Y [　　　　　　]

①，②の(　)にあてはまるものを，それぞれア，イか

①[　　　　] ②[　　　　]

目状)に通り，茎の維管束は②(ア　輪の形に並んで

のア～エから2つ選び，記号で答えなさい。

シ　　[　　　　] [　　　　]

についていたもののようすです。

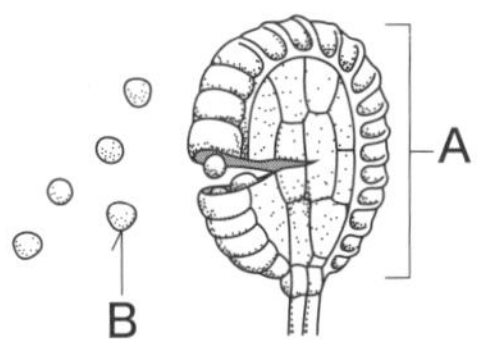

] B [　　　　　　]

とは，からだのつくりに違う点

書きなさい。

[　　　　　　　　　　　　　　　　]

2 右の表は，3種類のある植物と動物の細胞A，B，Cについて，核や葉緑体などの存在が確認できるかをまとめたものです。次の問いに答えなさい。

〔神奈川－改〕

	細胞A	細胞B	細胞C
核	○	○	○
葉緑体	○	×	×
細胞膜	○	○	○
細胞壁	○	×	○

○…存在を確認できる　×…存在を確認できない

記述 (1) 細胞壁のはたらきについて，簡単に書きなさい。

[　　　　　　　　　　　　　　　　]

間違えやすい (2) この表から判断できることとして最も適するものを次のア～エから1つ選び，記号で答えなさい。　[　　　　]

ア　細胞Aだけが植物細胞である。
イ　細胞Aと細胞Bは動物細胞である。
ウ　細胞Aと細胞Cは植物細胞である。
エ　細胞Bと細胞Cは動物細胞である。

植物の細胞だけにあるつくりをもとに考える。

［　　月　　日］

サクッ!と入試対策 ⑥

解答p.14

目標時間 10 分

分

1

次の実験について，あとの問いに答えなさい。〔福島〕

〔実験〕 静かにしている状態の成人が，いすに腰をかけて自分の心臓の15秒間のはく動数を3回測定した。

〔結果〕

1回目	2回目	3回目
15回	17回	16回

(1) 図は，からだの正面から見たときの心臓の模式図です。心臓から肺以外の全身へ送り出される血液が通る血管はどれですか。図の**ア**～**エ**から1つ選び，記号で答えなさい。［　　］

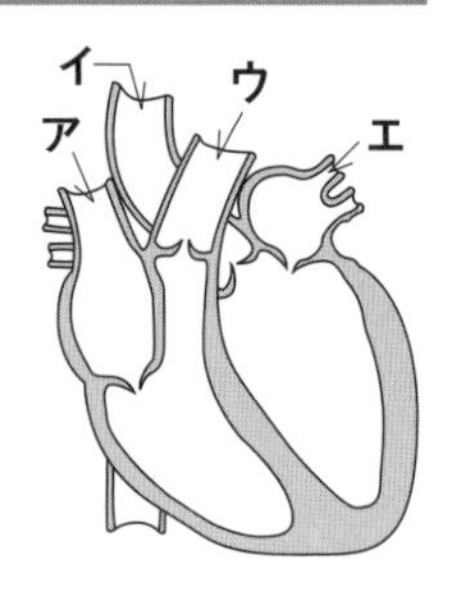

(2) 〔結果〕をもとに考えると，静かにしている状態の成人の心臓が，1時間あたりに送り出す血液の量は約何Lですか。次の**ア**～**オ**から適当なものを1つ選び，記号で答えなさい。ただし，静かにしている状態の成人の心臓は，1回のはく動で約70 mLの血液を送り出すものとします。［　　］

ア 約10 L　**イ** 約40 L　**ウ** 約70 L　**エ** 約110 L　**オ** 約270 L

2

ある池の生物を調査したところ，さまざまな生物を観察することができました。次の問いに答えなさい。〔沖縄－改〕

(1) 池の水を採集し顕微鏡で観察したところ，図1のようにゾウリムシを見つけることができました。このときの顕微鏡の接眼レンズ・対物レンズはともに10倍でした。対物レンズだけを40倍にかえて観察したとき顕微鏡をのぞいて見えるようすとして，最も適当なものを，右の**ア**～**エ**から1つ選び，記号で答えなさい。［　　］

図1

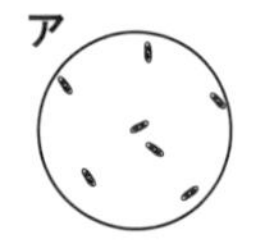

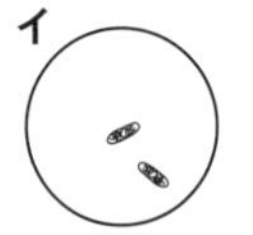

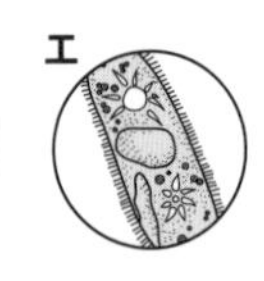

(2) ゾウリムシは分裂によって子孫をふやすことができます。分裂のように受精をせずに子孫をふやす生殖のことを何生殖といいますか。［　　］

間違えやすい (3) カエルの体色には灰色と褐色があるとします。いま，灰色の純系の雄と褐色の純系の雌を交配した結果，生まれた子はすべて灰色となりました(図2)。その子どうしを交配した孫では灰色と褐色の両方が出現したとすると，灰色で生まれた孫の遺伝子の組み合わせをすべて答えなさい。ただし，顕性遺伝子をA，潜性遺伝子をaとし，この遺伝子はメンデルがエンドウの交配実験で発見した法則にしたがうものとします。［　　］

図2

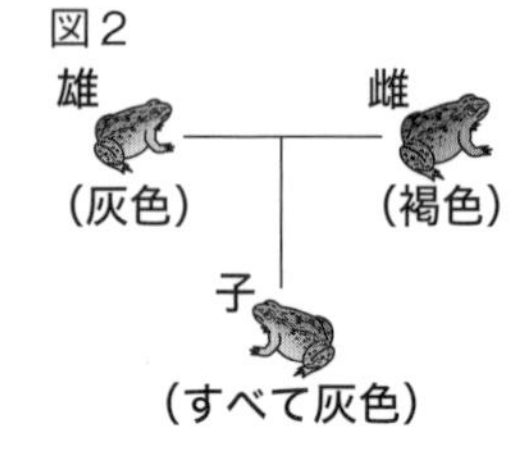

子は，親からAとaの遺伝子を1つずつ受けついでいる。

地学／1年

20 火山と地震

［　月　日］

入試重要ポイント TOP3

火山岩	深成岩	初期微動
マグマが急に冷え固まってできた岩石。	マグマがゆっくり冷え固まってできた岩石。	最初に起こる小さなゆれ。P波によって起こる。

1 火　山

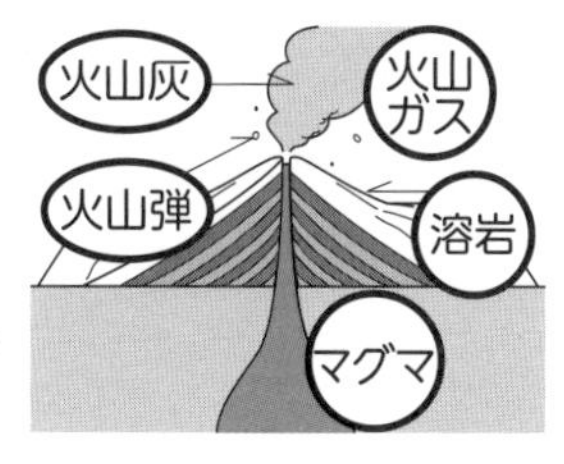

(1) **火山**……噴火(ふんか)すると，火山噴出物(火山ガス，溶岩(ようがん)，火山灰など)が噴出する。
↳火山ガスの大部分は水蒸気
マグマの粘り気によって，火山の形や噴火のようすが異なる。
↳無色鉱物が多いマグマほど粘り気は大きい

(2) **火成岩**……**マグマ**が冷え固まってできた岩石を火成岩という。地表や地表近くで急に冷え固まってできた岩石を火山岩，地下深くでゆっくり冷え固まってできた岩石を深成岩という。
↳石基，斑晶からなる斑状組織
↳等粒状組織

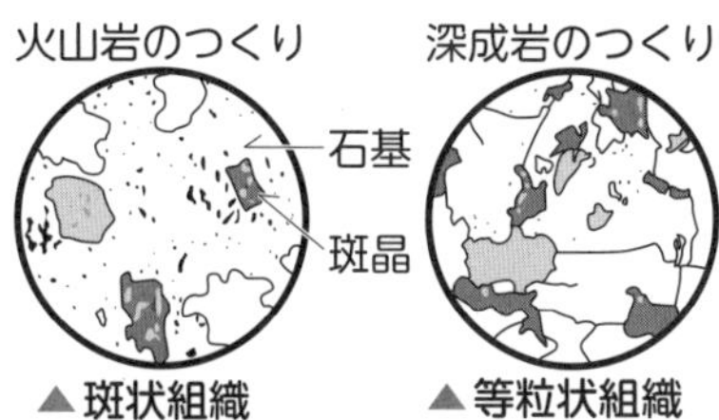

▲斑状組織　▲等粒状組織

2 地(じ)　震(しん)

(1) **震源と震央**……地震が発生した場所を震源，その真上の地表の地点を震央という。

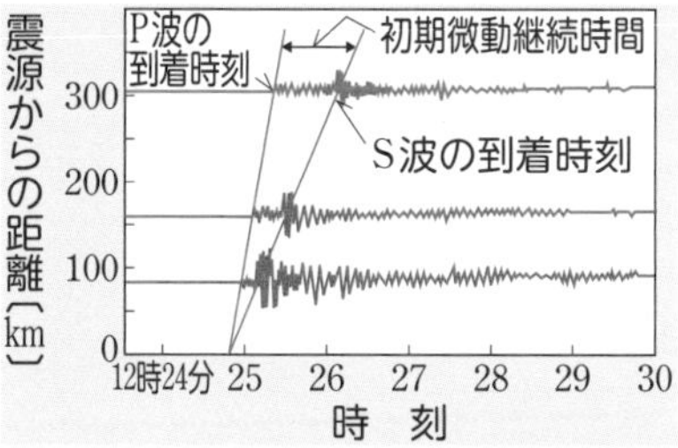

震源からの距離〔km〕 / 時刻（グラフ）
P波の到着時刻　初期微動継続時間　S波の到着時刻
300　200　100　0
12時24分　25　26　27　28　29　30

(2) **地震のゆれ**……**P** 波による初期微動(びどう)，**S** 波による主要動があり，P 波と S 波が到着(とうちゃく)する時間の差を初期微動継続時間という。
↳最初にくる小さなゆれ
↳あとからくる大きなゆれ
↳震源から遠くなるほど長くなる

(3) **地震の大きさ**……地震の規模の大きさはマグニチュード(記号 **M**)，ゆれの大きさは震度で表す。

入試得点アップ

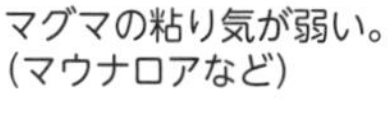
マグマの粘り気が弱い。(マウナロアなど)

マグマの粘り気が中間。(桜島など)

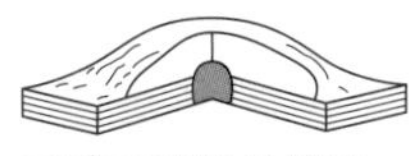
マグマの粘り気が強い。(昭和新山など)

地震発生のしくみ

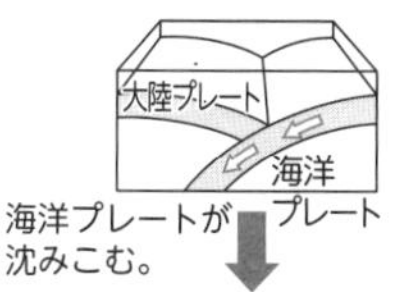

海洋プレートが沈みこむ。

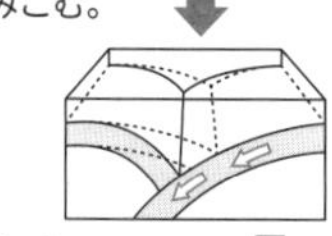
大陸プレートの先端部がずれこむ。

大陸プレートがもどるときに地震が起こる。

サクッと確認

① 火成岩のうち，地下深くでゆっくり冷え固まってできた岩石を何といいますか。　① 深成岩

② ①の岩石のつくりを何といいますか。　② 等粒状組織(とうりゅうじょうそしき)

③ 地震が発生した場所を何といいますか。　③ 震　源

④ 初期微動をもたらす波を何といいますか。　④ P　波

⑤ 初期微動が始まった時間と，主要動が始まった時間の差を何といいますか。　⑤ 初期微動継続(けいぞく)時間

やってみよう!入試問題

解答p.14

目標時間10分　　分

1

火山はその形によっていくつかに分類することができます。図1のA～Cは，分類した火山の断面の形を，それぞれ模式的に表したものです。次の問いに答えなさい。〔長崎－改〕

図1

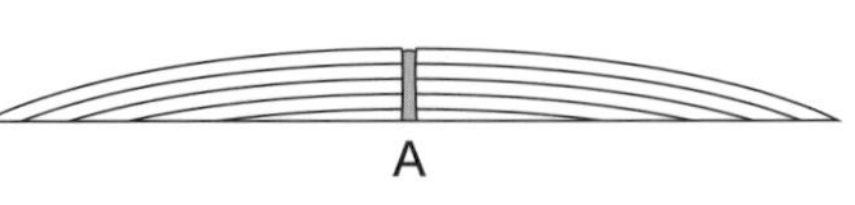

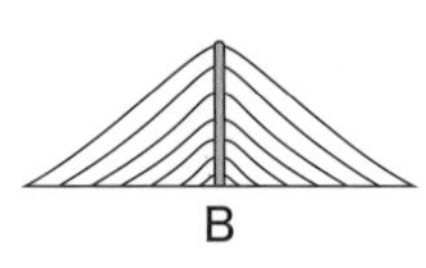

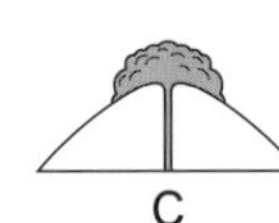

図2

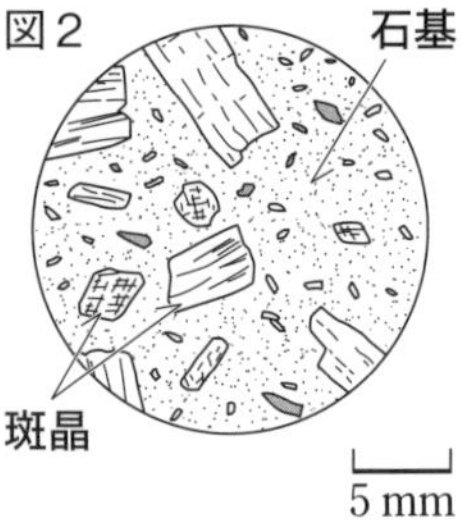

石基

斑晶

5 mm

(1) 図1のA，B，Cは，マグマのどのような性質の違いが関係しているか答えなさい。［　　　　　　　］

(2) 火山岩である玄武岩と流紋岩を比較したとき，有色鉱物の割合が多い岩石はどちらですか。［　　　　］

(3) 図2は，火山から噴出した火山岩のスケッチです。このように，石基や斑晶が見られる岩石のつくりを何といいますか。［　　　　］

2

次の文を読み，あとの問いに答えなさい。〔鳥取－改〕

図1の地震計の記録は，ある地震における図に示した観測地点A，B，Cの記録である。横軸はそれぞれの地点でのゆれ始めからの時間〔秒〕を表す。なお，この地震の震源の深さはきわめて浅く，地下のつくりはどこも一様であるものとする。また，下の文は，地震のときの地表のゆれについてまとめたものである。

図1

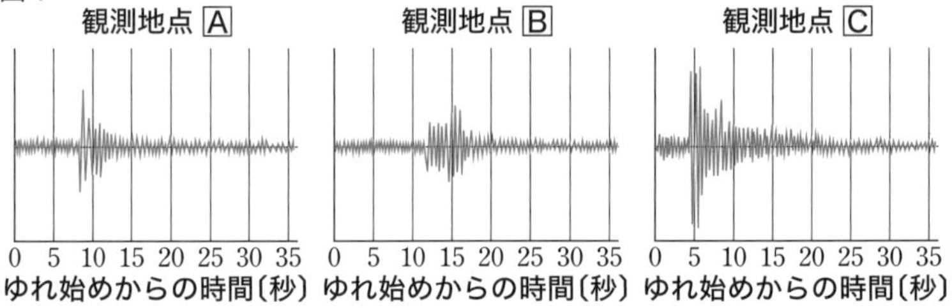

観測地点A　観測地点B　観測地点C

0 5 10 15 20 25 30 35

ゆれ始めからの時間〔秒〕

図2

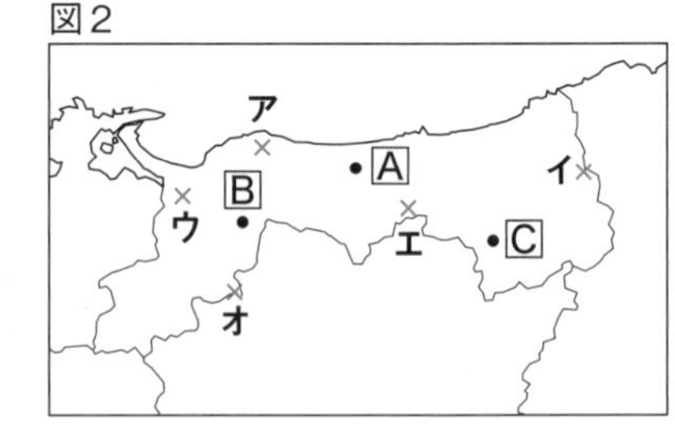

「最初に小さなゆれを感じ，続いて大きなゆれを感じることが多い。これは，大きなゆれをもたらす（　①　）波よりも，小さなゆれをもたらす（　②　）波のほうが伝わる速さが（　③　）ためである。」

(1) 上の下線部について，このゆれを何といいますか。［　　　　］

(2) 上の（　）にあてはまる語句を答えなさい。①［　　　］ ②［　　　］ ③［　　　］

(3) この地震の震央の位置を示したものとして最も適切なものを，図2の**ア**～**オ**の×印から1つ選び，記号で答えなさい。［　　　］

初期微動継続時間は，震源からの距離が大きくなるほど長くなる。

地学／1年

21 地層のようす

［　　月　　日］

入試重要ポイント TOP3

示相化石	示準化石	断　層
地層が堆積した当時の環境を知るのに役立つ化石。	地層が堆積した年代を推定するのに役立つ化石。	大地に大きな力がはたらいてできた地層のずれ。

1 地　層

(1) **地層**……**風化**，**侵食**(しんしょく)を受けた岩石がくずれて土砂となり，これが海底や湖底に**堆積**(たいせき)しておし固められて地層ができる。

(2) **堆積岩**……土砂などがおし固められてできた岩石を堆積岩といい，粒(つぶ)の大きさによって，**れき岩**，**砂岩**，**泥岩**(でいがん)に分けられる。そのほかに，火山灰からできた**凝灰岩**(ぎょうかいがん)，生物の死がいなどからできた**石灰岩**(せっかいがん)，**チャート**がある。
↳石灰岩は，塩酸をかけると二酸化炭素を生じる

(3) **地層のつながり**……地層はふつう下の層ほど古い。火山灰の層などは離(はな)れた土地の地層のつながりを調べる手がかり（↱かぎ層という）となる。堆積岩には化石を含(ふく)むものもあり，堆積した当時の**環境**(かんきょう)を知る手がかりとなる示相化石，堆積した**年代**を推定できる示準化石がある。
広い範囲に，ある時期にだけ栄えた生物の化石↲

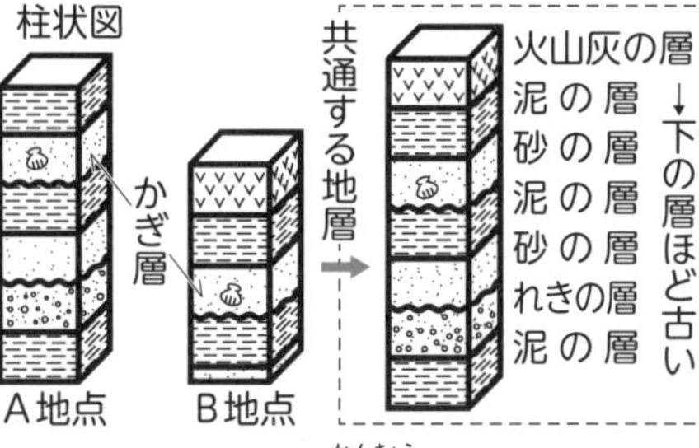

2 大地の変動

★ **地層の変形**……地層に大きな力がはたらいてできる地層のずれを断層といい，地層が波打つようにおし曲げられたものをしゅう曲という。

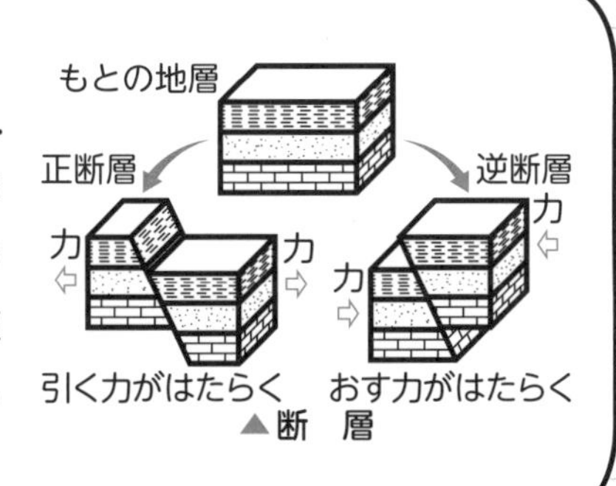

▲断　層

入試得点アップ

堆積岩

粒の大きさ	堆積岩
2 mm 以上	れき岩
$2 \sim \frac{1}{16}$ mm	砂　岩
$\frac{1}{16}$ mm 以下	泥　岩

示相化石

① **サンゴの化石**…当時，あたたかく浅い海であったことがわかる。
② **シジミの化石**…当時，河口や湖であったことがわかる。

示準化石

① **サンヨウチュウの化石**(古生代)

② **アンモナイトの化石**(中生代)

サクッと確認

問題	答え
① 土砂がおし固められてできた岩石を何といいますか。	① 堆積岩
② ①のうち，直径が 2 mm 以上の粒からなる岩石を何といいますか。	② れき岩
③ 堆積した当時の環境を知る手がかりとなる化石を何といいますか。	③ 示相化石
④ アンモナイトを含む地層が堆積した地質年代はいつ頃(ごろ)ですか。	④ 中生代
⑤ 地層に見られるずれを何といいますか。	⑤ 断　層

やってみよう!入試問題

解答p.15

目標時間 10 分

分

1

図は，ある地点の地層のようすを示した模式図です。石灰岩(せっかいがん)の層にはフズリナの化石が含(ふく)まれています。次の問いに答えなさい。〔新潟〕

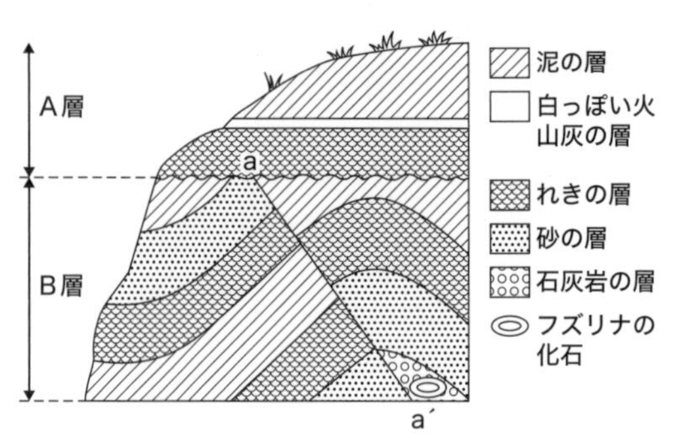

(1) 地層に大きな力がはたらいたとき，B層にみられるように，地層が曲がる場合があります。このような地層の曲がりを何といいますか。 [　　　　]

(2) 次の文は，石灰岩の層に含まれるフズリナの化石に関して述べたものです。次の文中の X ， Y にあてはまる語句の組み合わせとして，最も適当なものを，下の**ア**～**エ**から1つ選びなさい。 [　　]

> フズリナのように，ある期間だけ，広い範囲(はんい)に分布していた生物の化石は，その地層が堆積(たいせき)した X を推定するのに役立つ。このような化石を Y という。

ア　X─環境　Y─示相化石　　**イ**　X─環境　Y─示準化石

ウ　X─年代　Y─示相化石　　**エ**　X─年代　Y─示準化石

(3) 次の**ア**～**エ**のできごとを古いものから順に並べなさい。

[　　　→　　　→　　　→　　　]

ア　A層の堆積　　**イ**　B層の堆積

ウ　a－a′の断層の形成　　**エ**　B層の曲がりの形成

2

プレートの運動について，次の問いに答えなさい。〔和歌山〕

(1) 図1は，日本付近の4つのプレートを模式的に表したものです。図中のプレート X の名称(めいしょう)として最も適切なものを，次の**ア**～**エ**から1つ選びなさい。 [　　]

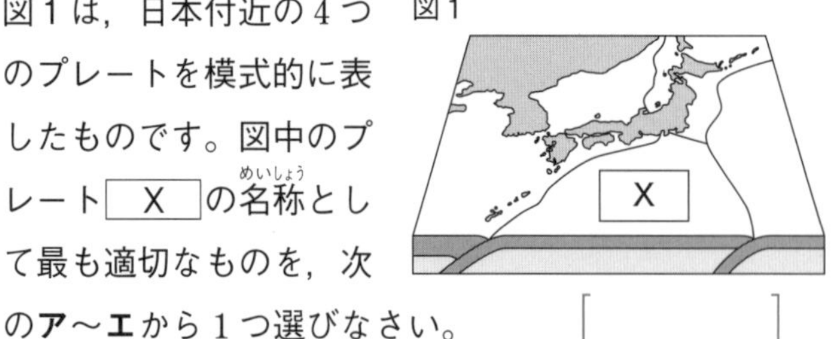

ア　北アメリカプレート　　**イ**　太平洋プレート

ウ　フィリピン海プレート　　**エ**　ユーラシアプレート

(2) 図2は，東北地方の断面を模式的に表したものです。大規模な地震(じしん)の発生しやすいところとして最も適切なものを，**ア**～**エ**から1つ選びなさい。 [　　]

B層に見られる断層は，A層まで達していないことに着目する。

22 気象観測と天気の変化

地学／2年

［　月　日］

入試重要ポイント TOP3

露点	高気圧	低気圧
空気中の水蒸気が凝結して水滴ができ始める温度。	まわりより気圧が高い所。	まわりより気圧が低い所。

1 気象の観測

(1) **湿度**……飽和水蒸気量に対する空気中の水蒸気量の割合。
↳ある気温で空気 1 m^3 が含むことのできる最大限度の水蒸気量

$$湿度〔\%〕=\frac{空気1\,m^3に含まれている水蒸気量〔g/m^3〕}{その気温での飽和水蒸気量〔g/m^3〕}\times 100$$

(2) **露点と雲の発生**……空気が上昇して膨張すると温度が下がり，露点に達すると，空気中の水蒸気が**凝結**して雲ができる。
↳空気中の水蒸気が凝結して水滴ができ始める温度

2 天気の変化

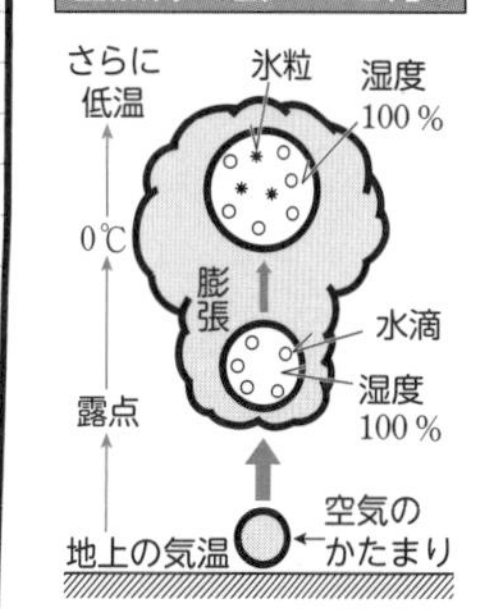

(1) **低気圧と高気圧**……**低気圧**の中心付近では，反時計まわりに風が吹きこみ，上昇気流が発生する。**高気圧**の中心付近では，時計まわりに風が吹き出し，下降気流が発生する。
（低気圧：まわりより気圧が低い所／高気圧：まわりより気圧が高い所）

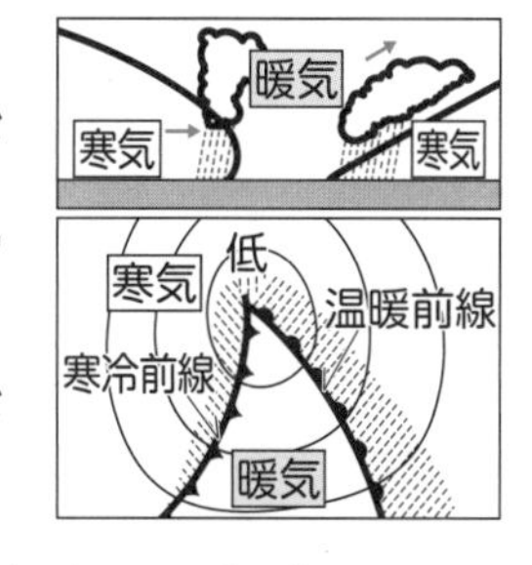

(2) **温暖前線**……暖気が寒気の上にはい上がるように進む**前線**を温暖前線という。**乱層雲**が広がり，**おだやかな雨**が広い範囲に長時間降る。前線通過後**南よりの風**が吹き，**気温が上がる**。
↳前線面と地面が交わってできる線

(3) **寒冷前線**……寒気が暖気の下にもぐり暖気をおし上げるように進む前線を寒冷前線という。**積乱雲**が発達し，**強い雨**が狭い範囲に短時間降る。前線通過後**北よりの風**が吹き，**気温が下がる**。

入試得点アップ

気象の観測

① **天気記号**

② **等圧線**… 4 hPa おきに実線でひく。

自然界の雲のでき方

雲のでき方の実験

内部を水でぬらした丸底フラスコに線香の煙を入れる。ピストンを急に引くとフラスコ内がくもり，ピストンをおすとくもりが消える。

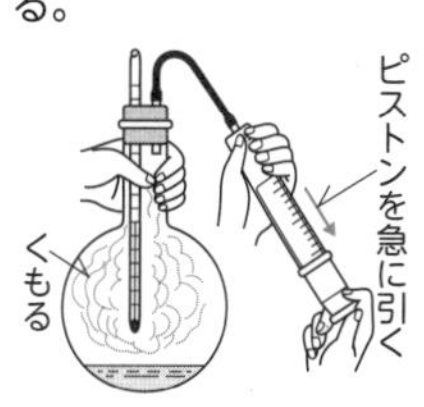

サクッと確認

① ある気温で空気 1 m^3 に含まれる最大限の水蒸気量を何といいますか。　① 飽和水蒸気量

② 空気中の水蒸気が水滴に変化し始める温度を何といいますか。　② 露　点

③ 低気圧の中心付近に生じている気流を何といいますか。　③ 上昇気流

④ 高気圧の中心付近では，風はどのように吹き出していますか。　④ 時計まわり

⑤ 積乱雲をともない，にわか雨を降らせる前線を何といいますか。　⑤ 寒冷前線

[　　月　　日]

やってみよう!入試問題

解答p.15

目標時間 10 分

　　分

1

湿度（しつど）に関する次の実験について，あとの問いに答えなさい。〔富山－改〕

〔実験〕 ① 気温と同じ 10 ℃にした水を用意し，図1のように金属製コップに入れる。

② 図2のように水をかき混ぜながら，少しずつ氷水を入れて水の温度を下げる。

③ コップの表面に水滴（すいてき）がつき始めたときの水の温度をはかると 6 ℃だった。

図1

図2

(1) このときの湿度は何%ですか。小数第1位を四捨五入して整数で答えなさい。ただし，10 ℃，6 ℃での飽和水蒸気量をそれぞれ 9.4 g/m³，7.3 g/m³ とします。[　　　　]

(2) 実験の③について，金属製コップの表面に水滴がつき始めたときの，金属製コップの表面にふれている空気の温度を何というか，書きなさい。[　　　　]

2

図1は，山口県にある気象台で観測された，ある年の3月12日から14日にかけての気象要素をまとめたものです。次の問いに答えなさい。〔山口〕

図1

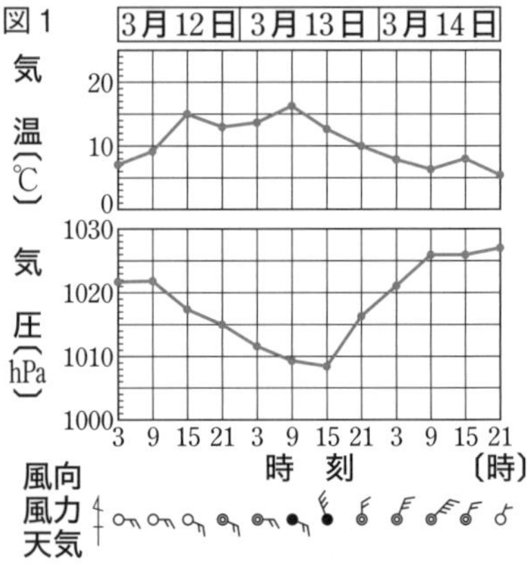

3月12日	3月13日	3月14日

気温〔℃〕 (0, 10, 20)

気圧〔hPa〕 (1000, 1010, 1020, 1030)

3 9 15 21 3 9 15 21 3 9 15 21 時刻〔時〕

風向 風力 天気

(1) 図2は，3月13日3時の風向と風力，天気の記号を表したものです。次の文の ① ， ② にあてはまる方位を， ③ にあてはまる天気を書きなさい。

①[　　　　] ②[　　　　] ③[　　　　]

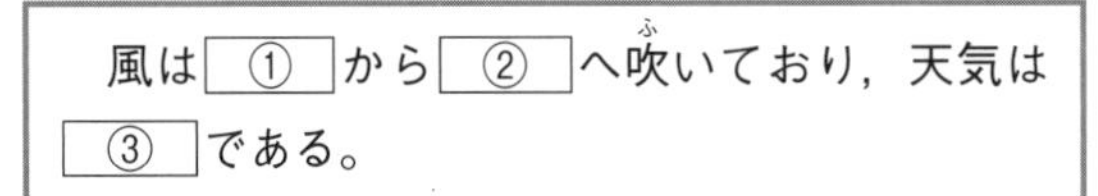

風は ① から ② へ吹（ふ）いており，天気は ③ である。

(2) 図1の3月13日9時から21時の間に，この観測を行った気象台を前線が通過しました。通過した前線付近の寒気と暖気の境界のようすを模式的に表した図として最も適切なものを，次のア～エから1つ選び，記号で答えなさい。[　　　　]

図2

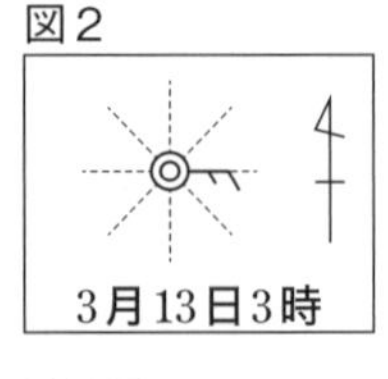

3月13日3時

ア

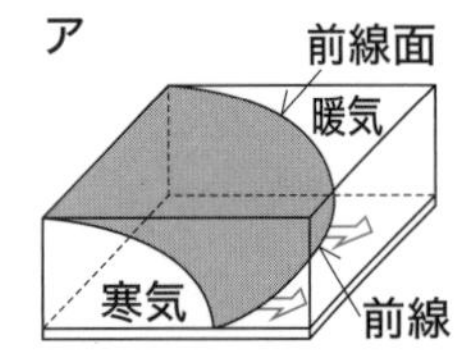

イ

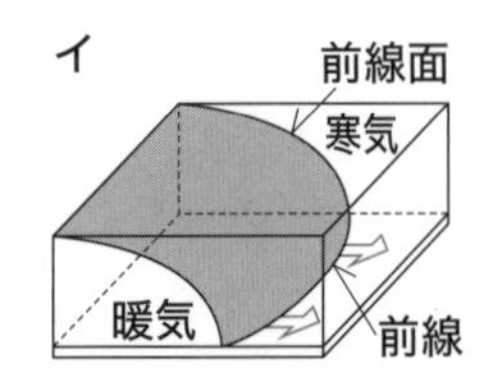

ウ

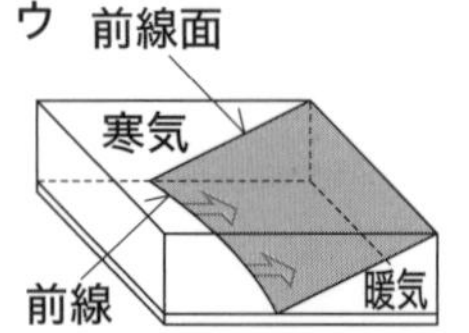

エ

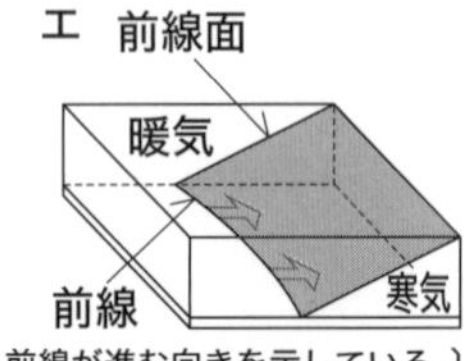

（⇨は，前線が進む向きを示している。）

天気記号では，矢がたつ方向から風が吹いてくることを表している。

[　　月　　日]

23 地学／2年 日本の天気・圧力

入試重要ポイント TOP3

シベリア気団	西高東低	圧　力
冬に大陸上で発達する，冷たく乾いた気団。	日本の冬の典型的な気圧配置。北西の季節風が吹く。	面を垂直におす単位面積あたりの力の大きさ。

1 日本の天気

(1) **冬の天気**……シベリア気団（寒冷・乾燥）が発達し，西高東低（等圧線は縦(南北)に走る）の気圧配置となりやすく，北西の季節風が吹いて日本海側に大雪を降らせる。

(2) **春・秋の天気**……移動性高気圧と低気圧が交互（こうご）に日本付近を通過し，周期的に天気が変わる。（西から東へ変わることが多い）

(3) **夏の天気**……日本の南側で太平洋高気圧が発達し，日本列島は**小笠原（おがさわら）気団**におおわれる。

(4) **梅雨（ばいう）（つゆ）**……オホーツク海気団（寒冷・多湿）と小笠原気団（温暖・多湿）がほぼ同じ勢力でぶつかり，梅雨前線とよばれる**停滞（ていたい）前線**が発生する。

(5) **台風**……熱帯低気圧（前線をともなわない）が発達してできる。夏から秋頃（ごろ），日本に接近・上陸し，大雨と強風をもたらす。

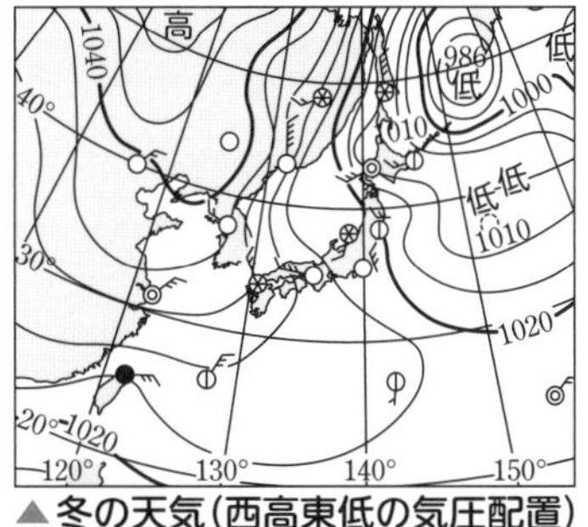

▲冬の天気(西高東低の気圧配置)

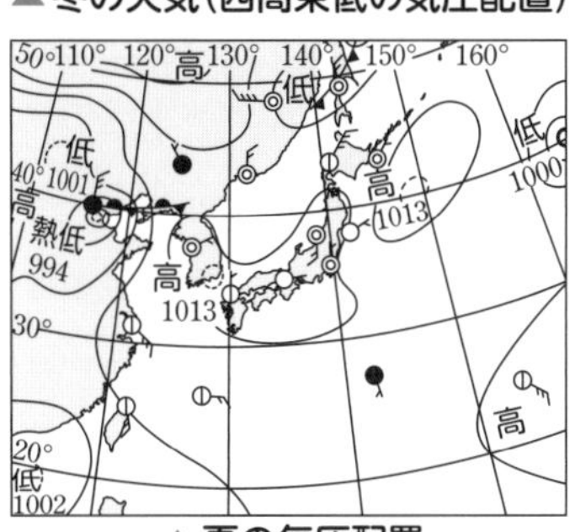

▲夏の気圧配置

2 大気圧と圧力

(1) **大気圧(気圧)**……大気によって生じる，面をおす力。

(2) **圧力**……物体どうしがふれあう面に力がはたらくとき，その面を垂直におす**単位面積**（1 m² や 1 cm² など）あたりの力の大きさ。
単位はパスカル（または，N/m²）（記号 **Pa**）。

$$\text{圧力〔Pa〕} = \frac{\text{面を垂直におす力〔N〕}}{\text{力がはたらく面積〔m}^2\text{〕}}$$

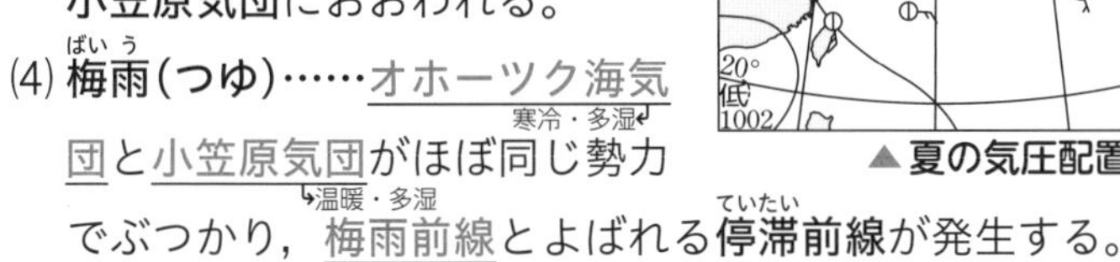

入試得点アップ

海陸風

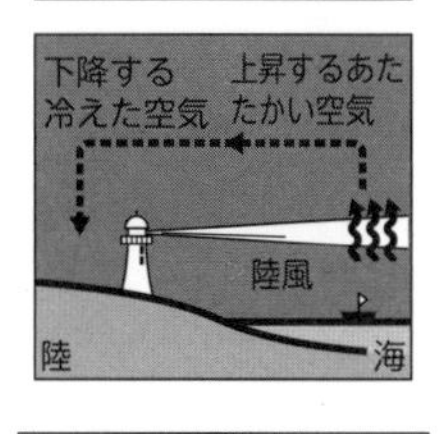

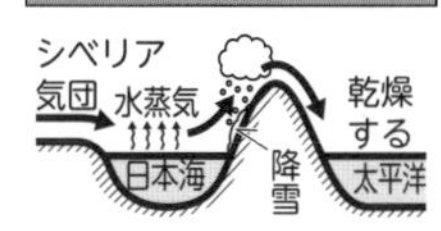

冬の天気

大陸の冷たく乾燥した大気は，日本海を通る間に水蒸気を含み，日本海岸側に大雪を降らせる。

偏西風

中緯度帯の上空で，西から東に向かって吹く風。

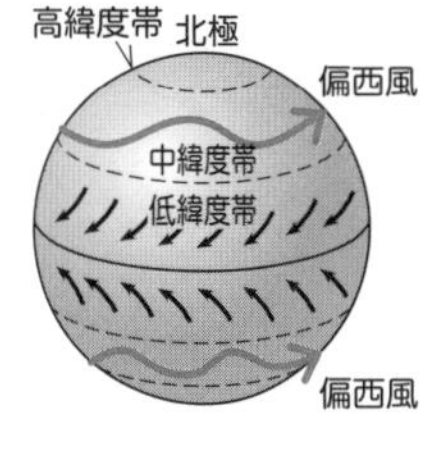

サクッと確認

① 冬に大陸上で発達する気団を何といいますか。　① シベリア気団

② 夏に日本の南の海上で発達する気団を何といいますか。　② 小笠原気団

③ 冬の日本で見られる典型的な気圧配置を，漢字 4 文字で書きなさい。　③ 西高東低

④ 2 m² の面を 10 N の力でおすとき，圧力の大きさは何 Pa ですか。　④ 5 Pa

［　　月　　日］

やってみよう！入試問題

解答p.16

目標時間10分　　分

1

次の文を読み，あとの問いに答えなさい。〔熊本－改〕

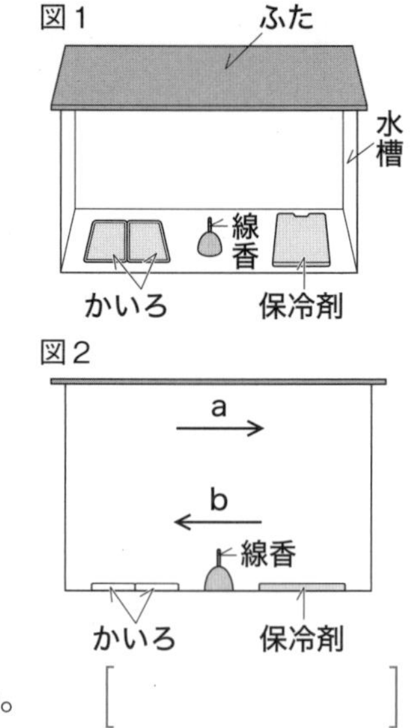

優子さんは，ある夏の晴れた日の昼に，海岸に行き，自分が立っている場所では一定の向きにⒶ風が吹き，上空の雲は海岸の風とは逆の向きに流れていることに気づいた。優子さんは，この現象が陸と海のあたたまり方の違いから起こるのではないかと考え，図1の装置で実験を行った。実験では，かいろは十分にあたため，保冷剤は冷凍させて用いた。なお，図2は装置を正面から見たもので，図中の矢印は，線香の煙のようすから，装置内の空気の流れの一部を示したものである。

(1) 下線部Ⓐは陸風，海風のどちらですか。［　　］

(2) 次の文の下線部Ⓑについて，bの空気の流れができたのは，主にかいろ側と保冷剤側のどちらの空気の上昇によりますか。［　　］

図2のⒷbの空気の流れは海岸で吹いていた風に相当する。また，aの空気の流れは上空の雲と同じ高さで吹いていた風に相当する。

2

図1のように1L(1000mL)の水を入れたペットボトルを逆さにして，図2のような面積の異なる板A～Cにのせ，スポンジの上に置いて，ものさしでへこみぐあいを測定します。次の問いに答えなさい。ただし，100mLの水にはたらく重力の大きさは1Nとし，ペットボトルの重さは無視できるものとします。〔沖縄－改〕

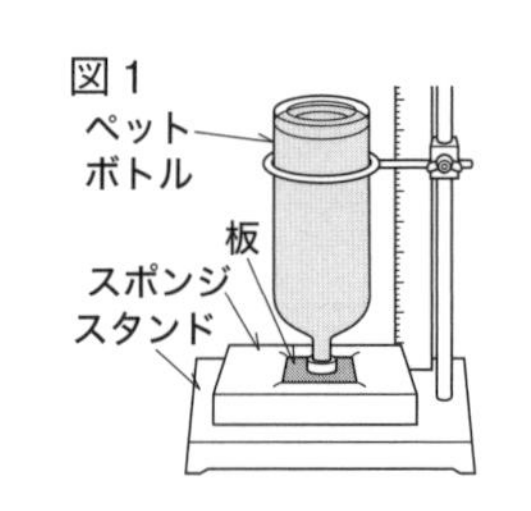

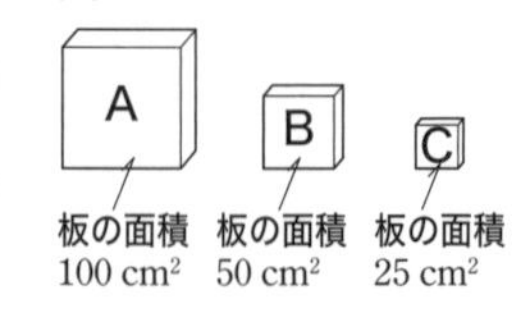

(1) スポンジのへこんだ深さが最も大きいものは，どの板の上にペットボトルをのせたときですか。最も適当なものをA～Cから1つ選び，記号で答えなさい。また，そのときの圧力は何Paですか。

記号［　　］　圧力［　　］

(2) スポンジにはたらく圧力とへこみの深さが比例関係にあるとき，ペットボトルを板Cにのせたときのへこんだ深さは，板Bにのせたときのへこんだ深さの何倍か答えなさい。

［　　］

(3) 実験において，ペットボトルや板などにはあらゆる向きから大気圧がはたらいています。標高の高いところで実験を行った場合，ペットボトルや板などにはたらく大気圧の大きさはどのようになりますか。［　　］

海風は，海から陸に向かって吹く風，陸風は，陸から海に向かって吹く風である。

地学／3年

24 天体の動き

[月 日]

入試重要ポイント TOP3

地球の自転	日周運動	黄　道
地軸を中心に約１日に１回，西から東へ回転する運動。	地球の自転により天体が東から西に動いて見える。	星座の間を動いていくように見える太陽の通り道。

1 天体の１日の動き

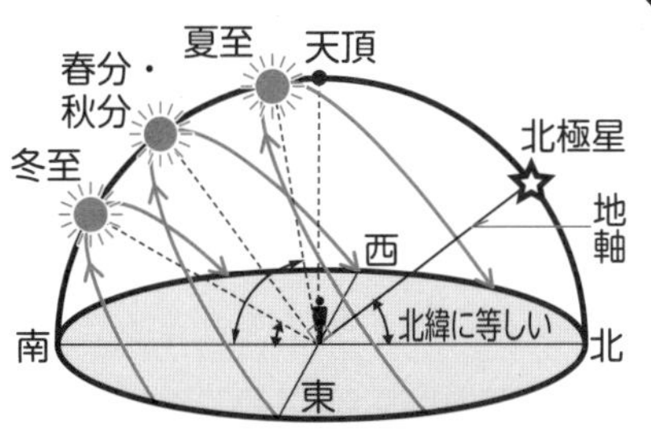

⑴ **地球の自転**……地球が**地軸**(ちじく)を中心にして西から東へ約１日に１回転することを地球の自転という。

⑵ **太陽の日周運動**……東の空からのぼり，昼に南の空で最も高くなり，西の空に沈(しず)む。このような動きを太陽の日周運動という。
（南中といい，このときの高度は南中高度という）（地球の自転が原因）

⑶ **星の日周運動**……東の空からのぼった星は南の空へ移動し，南の空に見えていた星は西の空に沈む。北の空の星は，北極星を中心に，**反時計まわり**に動く。これを星の日周運動という。
（地球の自転が原因）

2 天体の１年の動き

⑴ **地球の公転**……地球が太陽のまわりを１年で１回転することを地球の公転という。

⑵ **太陽の動きの変化**
天球上の星座の間を動いていくように見える太陽の通り道を黄道(こうどう)という。
（天球：空を見かけ上の球形の天井で表したもの）

⑶ **星の動き**……季節により見える星座は変わる。
（地球の公転が原因）

入試得点アップ

星の動き

① **星の日周運動**…星は１時間に15°移動する。

北極星

▲北の空

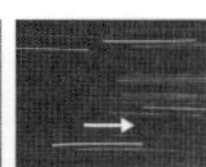
▲南の空

▲東の空

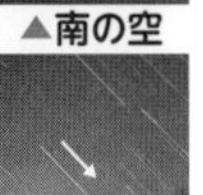
▲西の空

② **星の１年の動き**…星の年周運動という。同じ星を同じ時刻に観察すると，１か月に約30°西に移動する。

地軸の傾きと南中高度

地軸が傾(かたむ)いているため，北半球では太陽の南中高度は夏至(げし)の日に最も高くなり，冬至(とうじ)の日に最も低くなる。

サクッと確認

① 地球が，地軸を中心にして約１日に１回転する運動を何といいますか。 ① 自　転

② 地球が，太陽のまわりを１年で１回転する運動を何といいますか。 ② 公　転

③ 太陽の１日の動きを太陽の何といいますか。 ③ 日周運動

④ 北の空の星は，ある星を中心にして，１日で反時計まわりに１周して見えます。ある星を何といいますか。 ④ 北極星

⑤ 星座の中の太陽の通り道を何といいますか。 ⑤ 黄　道

［　　月　　日］

やってみよう！入試問題

解答p.16　目標時間 10分　　分

1

秋分の日，鳥取市（北緯(ほくい) 35.5 度，東経 134.2 度）で，次の観測を行い，太陽の動きを調べました。あとの問いに答えなさい。〔鳥取－改〕

〔観測〕 図１のように，画用紙に透明(とうめい)半球と同じ大きさの円を描(か)き，その中心を点Oとした。この円に合わせて透明半球を固定し，点A，B，C，Dが点Oから見て東西南北のいずれかの方位となるようにし，水平な場所に置いた。図２のように，フェルトペンの先の影(かげ)が点Oにくる位置で透明半球に●印をつけ，午前８時から午後４時まで１時間ごとに，太陽の位置を記録した。

図１ 透明半球　方位磁針　C　D　A　B　O　画用紙

図２ フェルトペン　影　光　O

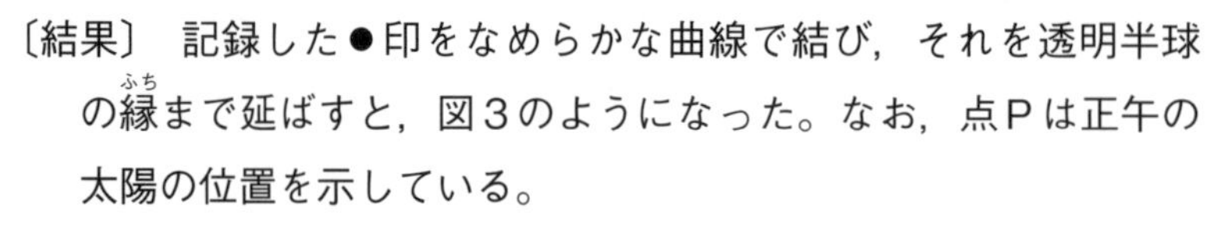

〔結果〕 記録した●印をなめらかな曲線で結び，それを透明半球の縁(ふち)まで延ばすと，図３のようになった。なお，点Pは正午の太陽の位置を示している。

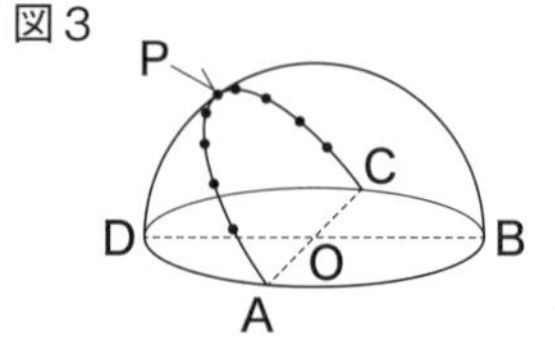

図３

(1) 図３のように，透明半球上を動いているように見える，太陽の１日の動きを何といいますか。［　　　　］

(2) 図３において，１時間ごとに記録した各●印間の曲線の長さは，すべて 6.0 cm でした。また，午後４時の点から点Cまでの曲線の長さは 11.7 cm でした。この日の鳥取市における日の入りの時刻は午後何時何分でしたか。［　　　　］

2

福岡県のある地点で，11 月 22 日の午後７時から午後 11 時まで２時間ごとに３回，カシオペヤ座と北極星を観察しました。図のXは，このうちのある時刻に観察したカシオペヤ座の位置を示したものです。次の問いに答えなさい。〔福岡－改〕

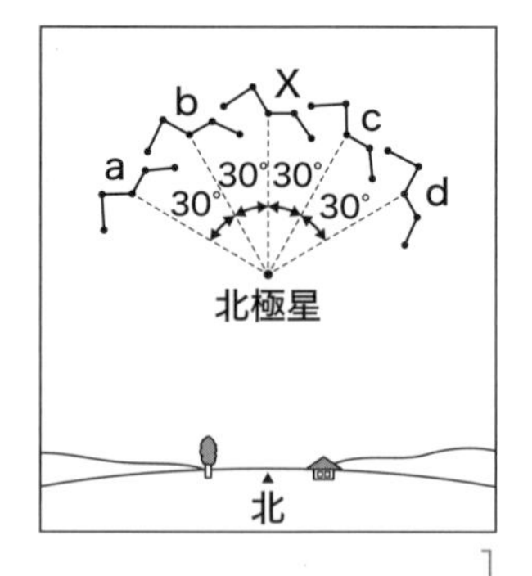

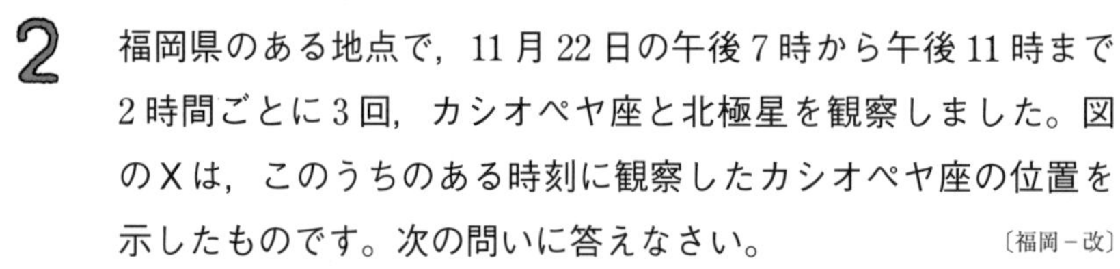

(1) この観察において，カシオペヤ座の位置は時刻によって変化しているように見えましたが，北極星の位置はほぼ変わらないように見えました。この理由を簡潔に書きなさい。

［　　　　　　　　　　　　　　　　　　　　］

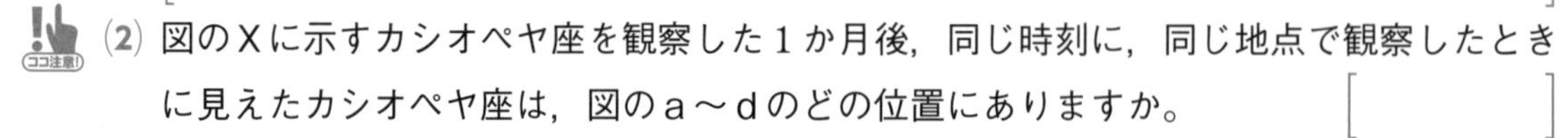

(2) 図のXに示すカシオペヤ座を観察した１か月後，同じ時刻に，同じ地点で観察したときに見えたカシオペヤ座は，図のa～dのどの位置にありますか。［　　］

(3) (2)のように，同じ時刻に見えるカシオペヤ座の位置が変わる理由を，「地球」という語句を用いて簡潔に書きなさい。

［　　　　　　　　　　　　　　　　　　　　］

同じ時刻に観察した星は，１か月たつと，東から西へ約 30° 動いて見える。

[　　月　　日]

地学／3年

25 太陽系とその他の天体

入試重要ポイント TOP3

太陽系	日食	月食
太陽とそのまわりを公転する天体の総称。	地球－月－太陽の順に一直線上に並ぶと起こる。	月－地球－太陽の順に一直線上に並ぶと起こる。

1 太陽系

(1) **太陽**……太陽系の中心に位置する恒星(こうせい)。表面には，まわりより低温のため黒く見える黒点が見られる。
↳自ら光を出す天体　↳約 6000 ℃　↳約 4000 ℃

(2) **太陽系**……太陽を中心に公転する天体の集まりを太陽系という。

(3) **惑星**(わくせい)……恒星からの光を反射して光る天体を惑星という。
自らは光を出さない↲

2 月

(1) **月**……地球の衛星で，**満ち欠けをする**。
惑星のまわりを公転する天体↲　↳月の公転が原因

(2) **日食**……太陽が月にかくされて，太陽が欠けて見える現象を日食という。
↱地球－月－太陽の順に一直線上に並ぶ

(3) **月食**……月が地球の影(かげ)に入り，月が欠けて見える現象を月食という。
↳月－地球－太陽の順に一直線上に並ぶ

3 金　星

★ **金星**……地球より内側を公転しているため，**夕方の西の空**か，**明け方の東の空**にだけ観察できる。地球に近づくにつれて大きく見え，欠け方も大きい。
↳内惑星という　↳よいの明星という　↳明けの明星という

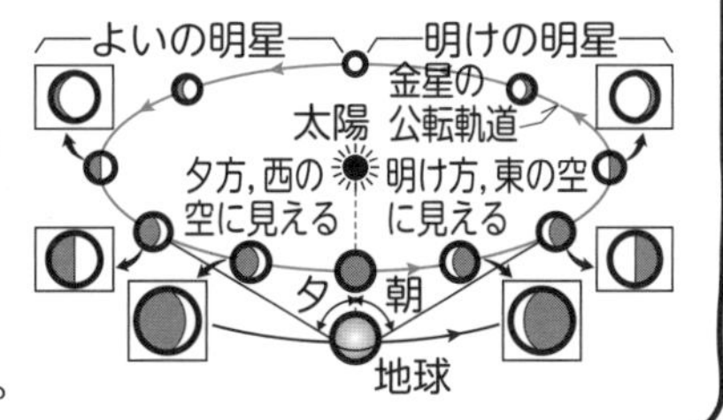

入試得点アップ

太陽の観察

▲太陽の観察記録

黒点が，太陽のふちにあるときは細長く見え，中心付近にあるときは丸く見える。
➡太陽は，自転しており，球形である。

太陽系の惑星の分類

	地球型惑星	木星型惑星
大きさ	小型	大型
成分	主に岩石	主に気体
密度	大きい	小さい
惑星	水星 金星 地球 火星	木星 土星 天王星 海王星

銀河系と太陽系

太陽系は，多くの銀河の中の1つである銀河系に属している。

サクッと確認

① 太陽の表面に見られる黒いしみのようなものを何といいますか。　① 黒　点

② 太陽のように，自ら光を出す天体を何といいますか。　② 恒　星

③ 月のように，惑星のまわりを公転している天体を何といいますか。　③ 衛　星

④ 月が地球と太陽の間に入り太陽が欠けて見える現象を何といいますか。　④ 日　食

⑤ 金星は地球の内側，外側のどちらを公転していますか。　⑤ 内　側

やってみよう!入試問題

解答p.17

目標時間 10 分

　　分

1

ある日，図1の天体望遠鏡を使い，太陽の表面のようすを観察しました。次の問いに答えなさい。〔鹿児島－改〕

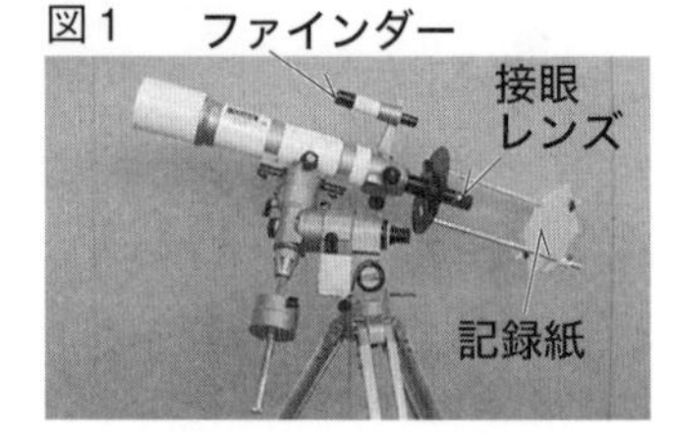

図1

(1) 天体望遠鏡で太陽を観察するとき，安全のためにしてはいけないことを書きなさい。

[　　　　　　　　　　]

(2) 図2は，観察した太陽を記録紙にスケッチしたものです。このスケッチをした日から数日後に，太陽のようすを観察したところ，黒いしみのようなものが移動していました。

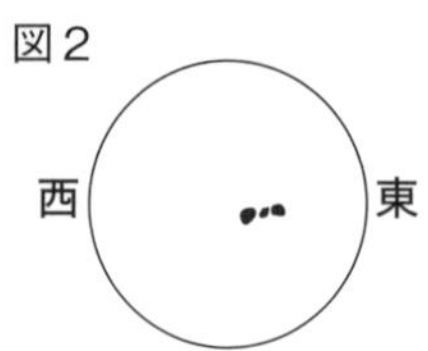

図2

① 黒いしみのようなものを何といいますか。[　　　　]

② 黒いしみのようなものが移動したのはなぜですか。簡潔に書きなさい。

[　　　　　　　　　　]

③ 数日後の太陽のスケッチとして最も適当なものを右の**ア**～**エ**から選びなさい。[　　　　]

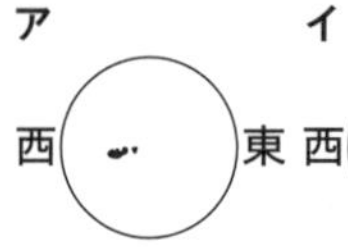
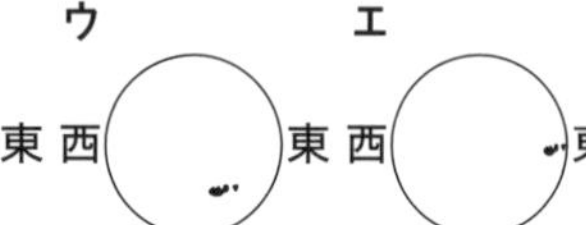

2

図1は，三重県のある場所で，4月4日のある時刻と7月4日のある時刻に，天体望遠鏡で観察した金星をスケッチしたものです。ただし，この天体望遠鏡では，上下左右が逆に見えるものとします。次の問いに答えなさい。〔三重〕

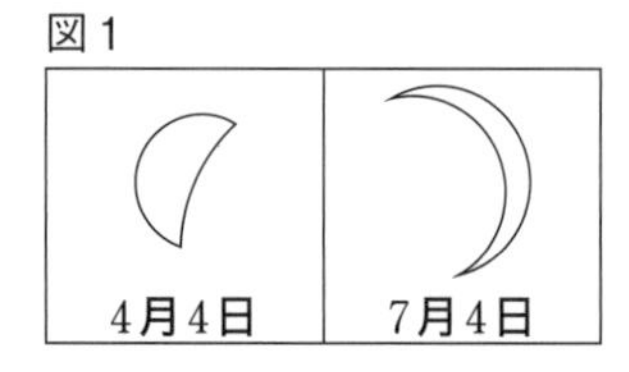

図1

(1) 金星のように，太陽のまわりを公転する天体を何といいますか。[　　　　]

(2) 図2は，4月4日に金星を観察したときの，太陽，金星，地球の位置関係を模式的に表したものです。この日の金星は，公転軌道(きどう)上のおよそどの位置にありますか。図2のa～dから最も適当なものを1つ選び，その記号を書きなさい。[　　　　]

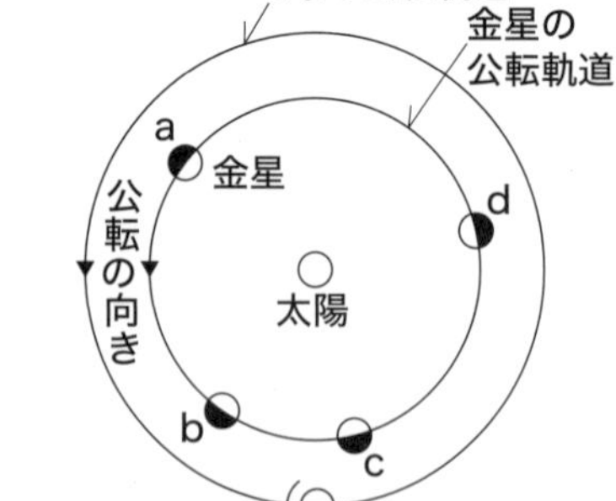

図2

(3) 7月4日に観察した金星は，いつ頃(ごろ)，どの方位の空に見えましたか。次の**ア**～**エ**から最も適当なものを1つ選び，その記号を書きなさい。

ア　明け方，東の空　　**イ**　明け方，西の空

ウ　夕方，南の空　　**エ**　夕方，北の空

[　　　　]

太陽の自転の向きは，地球の自転の向きと同じである。

サクッ!と入試対策 ⑦

解答p.17

目標時間 10 分　　分

1 Kさんは，北海道のA地点で，ある日の朝，地震のゆれを感じました。調べたところ，震源は北海道の太平洋側であり，B地点とC地点の地震計の記録（右図）には，はじめの小さなゆれXと，あとからくる大きなゆれYの2種類のゆれが記録されており，XとYが始まった時刻を読みとりました。また，B地点とC地点の震源距離（震源までの距離）を調べました。表はその結果をまとめたものです。ただし，この地震において，P波，S波の伝わる速さは，それぞれ一定とします。次の問いに答えなさい。〔北海道－改〕

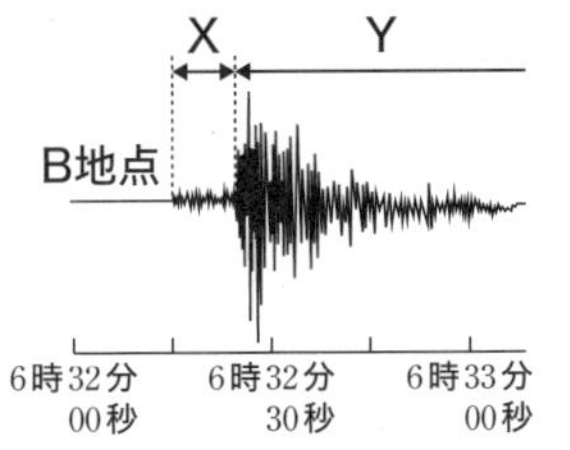

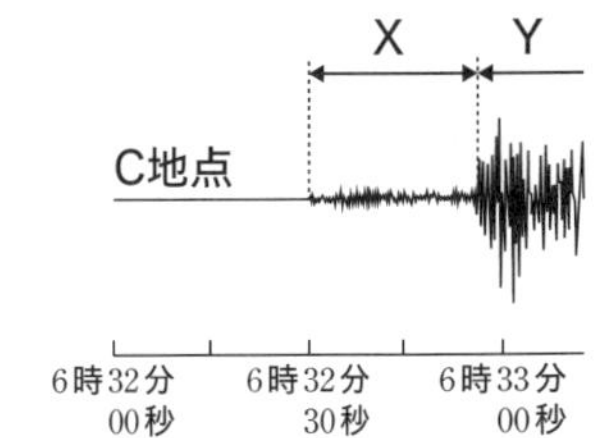

	震源距離	Xが始まった時刻	Yが始まった時刻
B地点	60 km	6時32分15秒	6時32分25秒
C地点	150 km	6時32分30秒	6時32分55秒

(1) A地点でゆれYが始まった時刻を書きなさい。なお，A地点の震源距離は120 kmです。

［　　　　］

やや難 (2) 緊急地震速報は，震源に近い地点の地震計の観測データを解析して，後からくるゆれの到着時刻を知らせるものです。この地震で，震源距離が30 kmの地点にゆれXが到達してから4秒後に，各地に緊急地震速報が伝わったとすると，震源距離が135 kmの地点では，緊急地震速報が伝わってから，何秒後にゆれYが始まりますか。［　　　　］

2 簡易真空容器の内側を少量の水でぬらしたあと，その中にデジタル温度計と少しふくらませて口を閉じたゴム風船を入れ，さらに線香の煙を少し入れてふたをしました。その後，図のように，ピストンを上下させて容器内の空気を抜いていったときの容器内のようすと温度の変化，ゴム風船の変化を調べ，表のように実験の結果をまとめました。〔埼玉〕

容器内のようす	容器内の温度の変化	ゴム風船の変化
容器内全体がうっすらとくもった。	①	実験前よりふくらんだ。

(1) 表の①について，容器内の温度は，実験前と比べてどのように変化したか書きなさい。

［　　　　］

(2) 容器内がくもった理由を，凝結，露点，気圧という語句を使って書きなさい。

［　　　　　　　　　　　　］

気圧が下がるために気温が下がり，露点に達する。

［　　月　　日］

サクッ!と入試対策 ⑧

解答p.18

1

右の図は，ある年の 12 月 11 日午前 9 時および 12 月 15 日午前 9 時の天気図です。また，A 地点は，12 月 15 日にシベリア気団からの季節風の影響（えいきょう）を受けていた地点です。次の問いに答えなさい。　〔熊本〕

12月11日午前9時

12月15日午前9時

(1) 図の A 地点における 12 月 15 日午前 9 時の風向は北西，風力は 5，天気は雪でした。これを天気図に使用する記号で右の図中に描（か）きなさい。

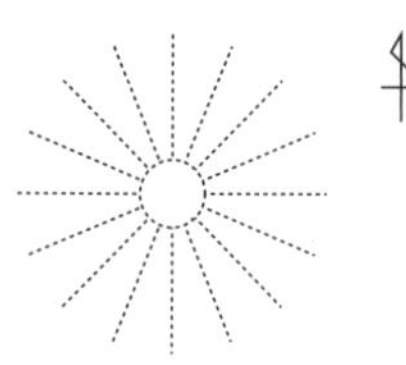

(2) 次の**ア**～**ウ**は，図と同じ年の 12 月 12 日午前 9 時，12 月 13 日午前 9 時，12 月 14 日午前 9 時のいずれかの天気図です。**ア**～**ウ**を日付のはやいほうから順に並べ，記号で答えなさい。　［　　→　　→　　］

ア

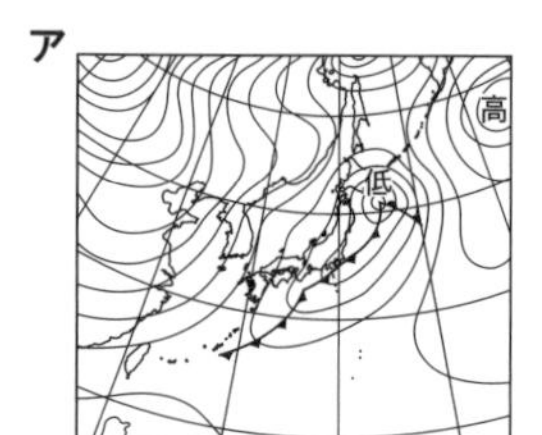

イ

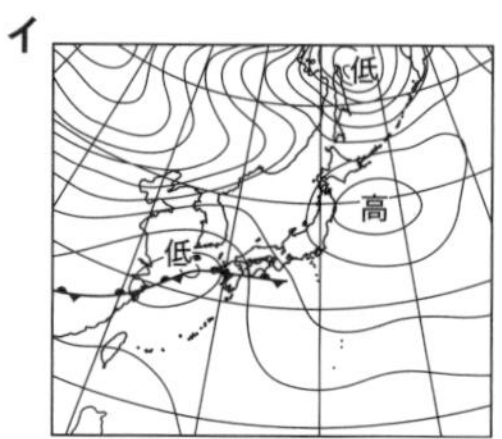

ウ

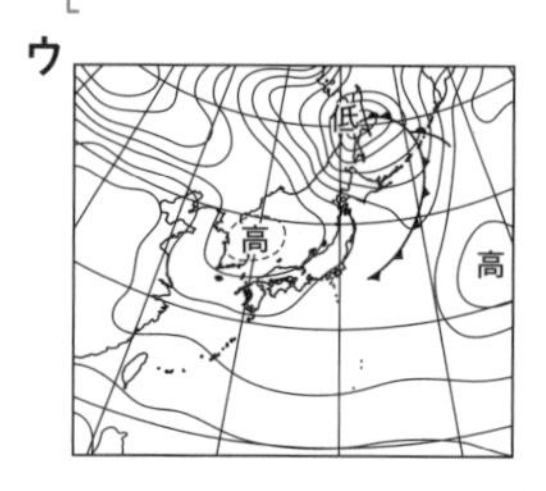

2

右の図は，広島における 1 年間の日の出と日の入りの時刻の変化をグラフに示したものです。次の問いに答えなさい。　〔広島〕

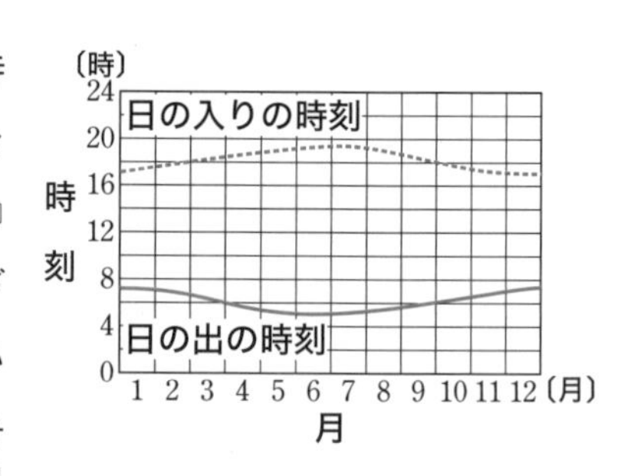

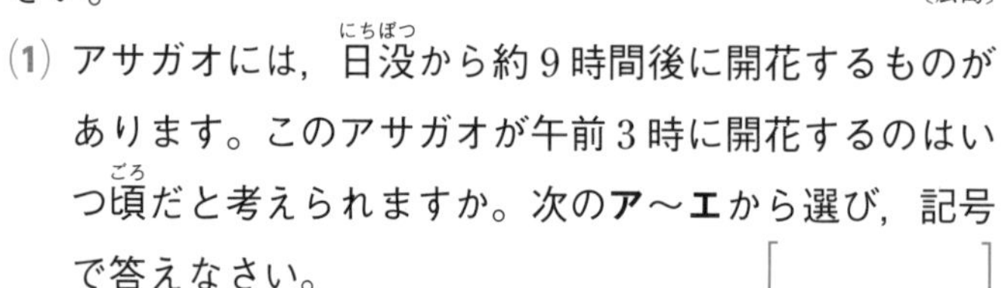

(1) アサガオには，日没（にちぼつ）から約 9 時間後に開花するものがあります。このアサガオが午前 3 時に開花するのはいつ頃（ごろ）だと考えられますか。次の**ア**～**エ**から選び，記号で答えなさい。　［　　］

ア　6 月末頃　　**イ**　8 月中頃　　**ウ**　9 月末頃　　**エ**　11 月中頃

(2) もし，地球の地軸（ちじく）が地球の公転面に対して垂直だとしたら，広島における日の出の時刻の変化をグラフで示すとどうなりますか。次の**ア**～**エ**から選び，記号で答えなさい。　［　　］

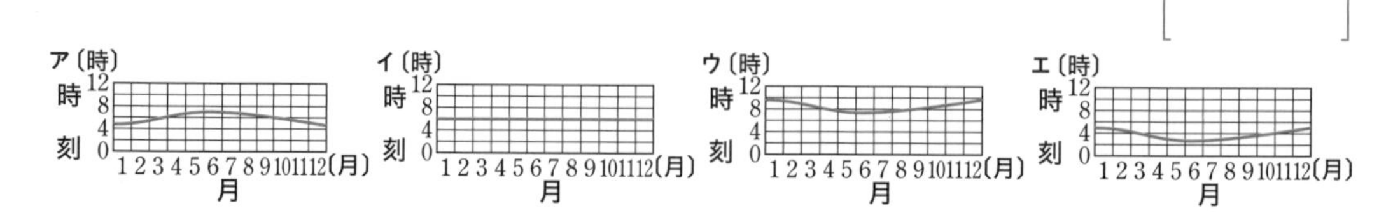

1 年中，地軸が太陽の光に対して垂直になるため，太陽の動き方が変わらなくなる。

中学で学ぶ公式・法則

物　理

★光の反射の法則…入射角＝反射角

★光の屈折

光が空気中から水中に進むとき，入射角＞屈折角

光が水中から空気中に進むとき，入射角＜屈折角

★力のつりあいの条件

・２力が一直線上にある。

・２力の向きが反対。

・２力の大きさが等しい。

★フックの法則…ばねの伸びは，ばねを引く力の大きさに比例する。

★電流の大きさ

直列回路…$I = I_1 = I_2 = I_3$

並列回路…$I = I_1 + I_2$

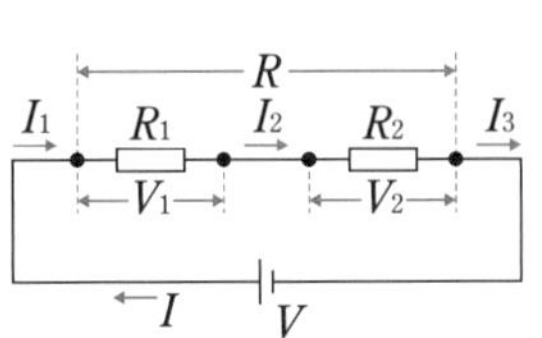

★電圧の大きさ

直列回路…$V = V_1 + V_2$

並列回路…$V = V_1 = V_2$

★抵抗の大きさ

直列回路…$R = R_1 + R_2$

並列回路…$\dfrac{1}{R} = \dfrac{1}{R_1} + \dfrac{1}{R_2}$

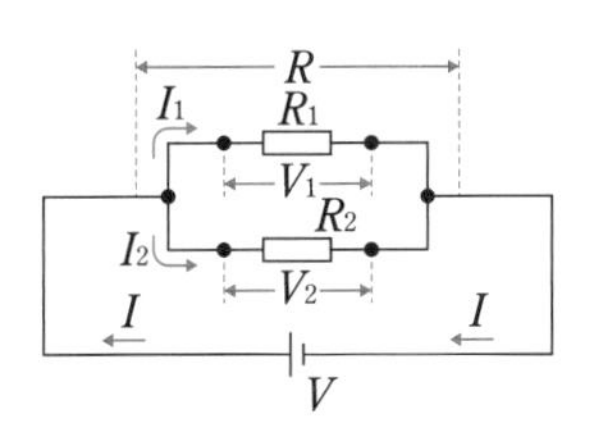

★オームの法則…電熱線を流れる電流の大きさは，電熱線に加わる電圧の大きさに比例する。

電圧〔V〕＝抵抗〔Ω〕×電流〔A〕

★電力〔W〕＝電圧〔V〕×電流〔A〕

★熱量〔J〕＝電力〔W〕×時間〔s〕

★電力量〔J〕＝電力〔W〕×時間〔s〕

★浮力の大きさ…水中にある部分の体積が大きいほど，浮力は大きくなる。

★平均の速さ〔m/s〕＝$\dfrac{\text{移動距離〔m〕}}{\text{移動にかかった時間〔s〕}}$

★慣性の法則…静止している物体は静止し続け，動いている物体は等速直線運動を続けること。

★作用・反作用の法則…ＡがＢに力を加えると，ＡはＢから反対向きに同じ大きさの力を受ける。

★仕事〔J〕＝力の大きさ〔N〕×力の向きに動いた距離〔m〕

★仕事の原理…道具を使っても使わなくても，最終的な仕事は変わらない。

★仕事率〔W〕＝$\dfrac{\text{仕事〔J〕}}{\text{仕事にかかった時間〔s〕}}$

★力学的エネルギーの保存の法則…摩擦や空気による抵抗がない場合，運動エネルギーと位置エネルギーは互いに移り変わり，その和はつねに一定である。

力学的エネルギー＝位置エネルギー＋運動エネルギー

★エネルギーの保存（エネルギー保存の法則）…エネルギーが移り変わっても，その総和は一定であること。

化　学

●密度〔g/cm^3〕＝$\dfrac{\text{物質の質量〔g〕}}{\text{物質の体積〔cm}^3\text{〕}}$

●質量パーセント濃度〔％〕＝$\dfrac{\text{溶質の質量〔g〕}}{\text{溶液の質量〔g〕}} \times 100$

溶液＝溶媒＋溶質

●質量保存の法則…化学変化の前後で，物質全体の質量は変化しない。➡化学変化の前後で，物質をつくる原子の組み合わせは変化するが，原子の種類と数は変化しないため。

●化学変化と質量の割合…化学変化における物質の質量比はつねに一定である。

例：（酸化銅）銅：酸素＝４：１

（酸化マグネシウム）マグネシウム：酸素＝３：２

生　物

■顕微鏡の倍率

顕微鏡の倍率＝接眼レンズの倍率×対物レンズの倍率

■光合成

水 ＋ 二酸化炭素 $\xrightarrow{\text{光}}$ デンプン ＋ 酸素

■分離の法則…減数分裂の際，対になっている遺伝子が分かれて別々の生殖細胞に入ること。

■孫に現れる形質…対立形質をもつ純系の両親をもつ子の自家受粉によって得られた孫には，顕性形質：潜性形質＝３：１の割合で現れる。

地　学

★圧力〔Pa，N/m^2〕＝$\dfrac{\text{面を垂直におす力〔N〕}}{\text{力がはたらく面積〔m}^2\text{〕}}$

◆地震波の速さ〔km/s〕

＝$\dfrac{\text{震源からの距離〔km〕}}{\text{地震が発生してから地面のゆれが始まるまでの時間〔s〕}}$

◆初期微動継続時間…Ｐ波とＳ波の到着時刻の差。震源からの距離が大きいほど，初期微動継続時間は長くなる。

◆湿度〔％〕＝$\dfrac{\text{空気1m}^3\text{中に含まれている水蒸気量〔g/m}^3\text{〕}}{\text{その気温での飽和水蒸気量〔g/m}^3\text{〕}} \times 100$

高校入試模擬テスト ❶

解答p.19～20

40分

70点で合格!

　　点

1

光の進み方について，あとの問いに答えなさい。(26点)

晴美さんは，背面に鏡のついた水槽(すいそう)の中にいるキンギョの像が，図1のように鏡のついていない側面にもはっきりとうつっていることに気づき，光の進み方について調べる実験を行いました。

図1

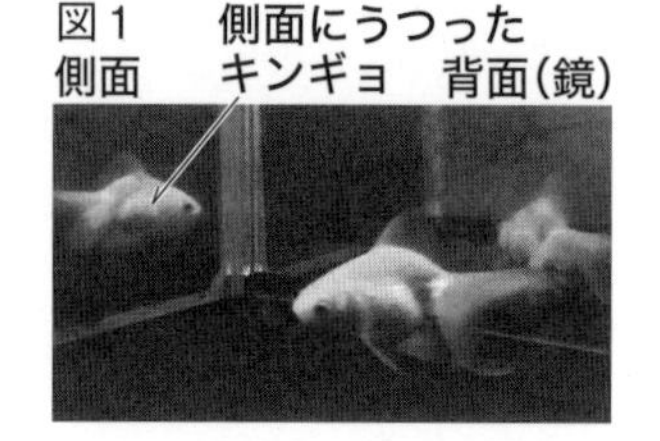

まず，図2のように，方眼紙に鏡Aと鏡Bを向かい合わせにして垂直に立て，光源装置を置きました。次に，まち針を方眼紙に垂直に立て，Ⓐ点Oの位置から，鏡Aの点Xに向かって光源装置の光をあてたところ，まち針の点Pの位置に光があたりました。ただし，図2は，実験装置を真上から見たものです。

図2

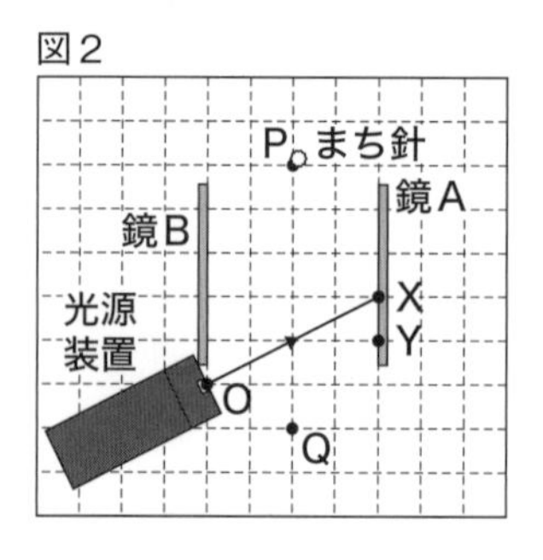

(1) 光の道筋は，「鏡にあてた光は，鏡の表面で［①］して進む。このとき，［②］角と［①］角は等しくなる。」という性質をもつ。［①］，［②］に適当な語を入れなさい。(4点×2)

(2) 下線部Ⓐについて，光源装置の光が図2の矢印の向きに進み，鏡Aの点Xにあたった後の点Pまでの光の道筋は，どのようになりますか。図2に描(か)き入れなさい。(5点)

次に晴美さんは，図2の光源装置の光の向きを変えて，Ⓑ点Oの位置から，鏡Aの点Yに向かって光をあてたところ，まち針に光があたらなくなりました。

図3

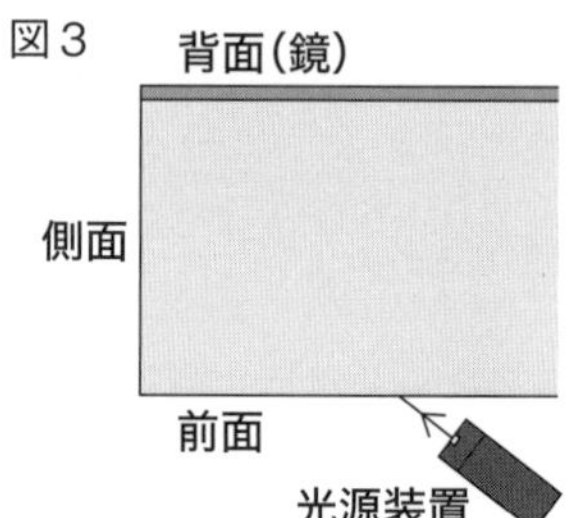

(3) 下線部Ⓑについて，まち針を方眼紙に対して垂直にしたまま，点Pと点Qを結んだ線分に沿って点Pから点Qまで動かしたとき，まち針が光の道筋を横切るのは何回ですか，答えなさい。(5点)

さらに晴美さんは，図3のように，水を入れた水槽の前面に光源装置で矢印の向きに光をあて，水槽の中を進んだ光の道筋について調べました。その結果，Ⓒ側面から外に出る光は見られませんでしたが，前面から外に出る光は見ることができました。ただし，図3は，水槽と光源装置を真上から見たものです。

(4) 次の文中の［①］，［②］に適当な語を入れなさい。(4点×2)

図1について，キンギョの像が側面にはっきりとうつったのは，下線部Ⓒのように，光が側面で［①］したからであると考えられる。インターネットなどの光通信に利用されている［②］は，ガラスやプラスチックの繊維(せんい)でできており，この［①］をくり返すことで光を伝えている。

(1)①	②	(2) 図2に記入	(3)	(4)①	②

2 アンモニアの性質を調べるために，次の実験を行いました。これについて，あとの問いに答えなさい。(27点)

〔実験1〕 図1のように，塩化アンモニウムと水酸化カルシウムの混合物を，試験管に入れて加熱した。このときに発生した気体のアンモニアを乾(かわ)いた丸底フラスコに集めた。

図1

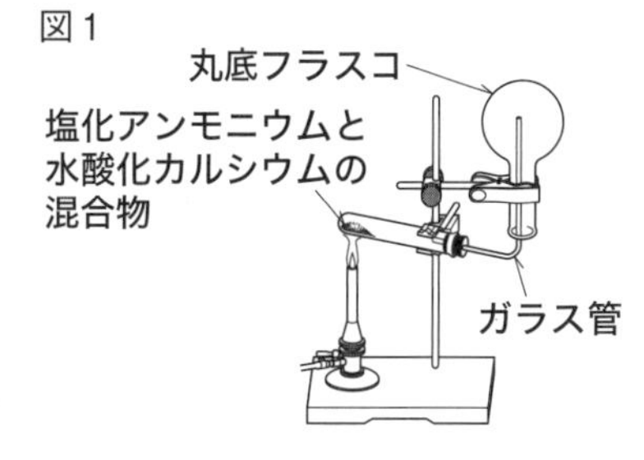

〔実験2〕 実験1のアンモニアが入った丸底フラスコを用いて，図2のような装置を組み立てた。次に，スポイトで丸底フラスコの中に水を入れた。

(1) 実験1について，次の問いに答えなさい。

① 図1のようにして，発生した気体を集める方法を何法といいますか。(4点)

② アンモニアを①のような方法で集めるのは，アンモニアにどのような性質があるからですか。(5点)

(2) 次の**ア**～**エ**は，分子を，原子の記号をつけた粒子(りゅうし)で表したモデルです。アンモニア分子を正しく表しているものはどれですか。次の**ア**～**エ**から選びなさい。(4点)

ア

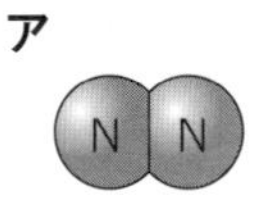

イ

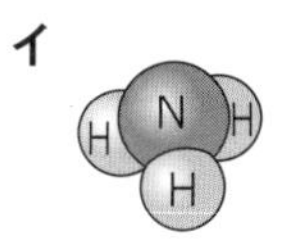

ウ

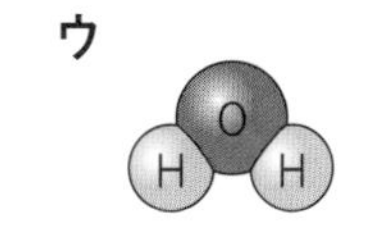

エ

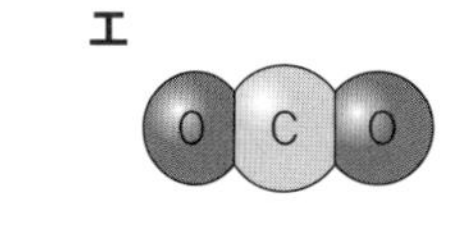

(3) 実験2を行ったとき，フェノールフタレイン液を加えた水が，丸底フラスコの中に噴(ふ)き上がりました。次の①～③の問いに答えなさい。

図2

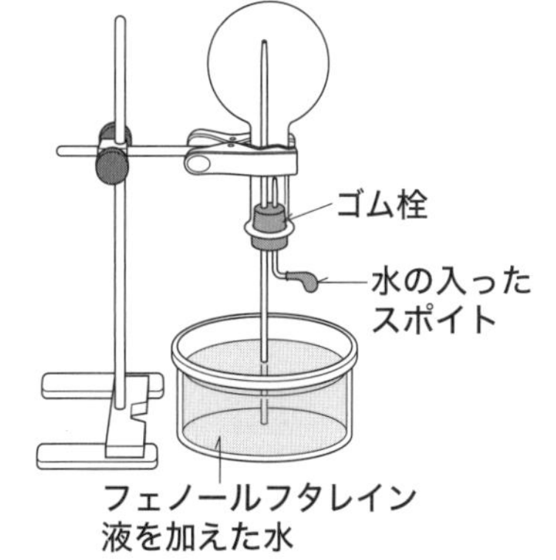

① 噴き上がった水は何色になりますか。次の**ア**～**エ**から選びなさい。(4点)

ア 赤色　**イ** 黄色

ウ 緑色　**エ** 青色

② 噴き上がった水が①のような色になるのは，水に溶(と)けたアンモニアが酸性，中性，アルカリ性のどのような性質を示すからですか。(5点)

③ 丸底フラスコの中に水が噴き上がった理由を説明するとどのようになりますか。圧力という言葉を用いて，「アンモニアが水に溶けて，」という書き出しに続けて書きなさい。(5点)

<table>
<tr><td colspan="2">(1)①</td><td colspan="3">②</td></tr>
<tr><td>(2)</td><td>(3)①</td><td colspan="2">②</td><td></td></tr>
<tr><td colspan="5">③アンモニアが水に溶けて，</td></tr>
</table>

3

植物の光合成と呼吸について調べるために，次の実験を行いました。これについて，あとの問いに答えなさい。(23点)

〔実験〕 青色のBTB液をビーカーに入れ，ストローで息を吹きこみ緑色にした。その溶液を，図1のように試験管A～Dに入れ，試験管A，Bには同じ長さに切ったオオカナダモを1本ずつ入れた。すべての試験管に気泡が入らないようにゴム栓をして，試験管B，Dにはアルミニウムはくを巻き，試験管内に光があたらないようにした。4本の試験管を十分な光があたる場所にしばらく置いた後，BTB液の色の変化を調べ，その結果を表にまとめた。

図1
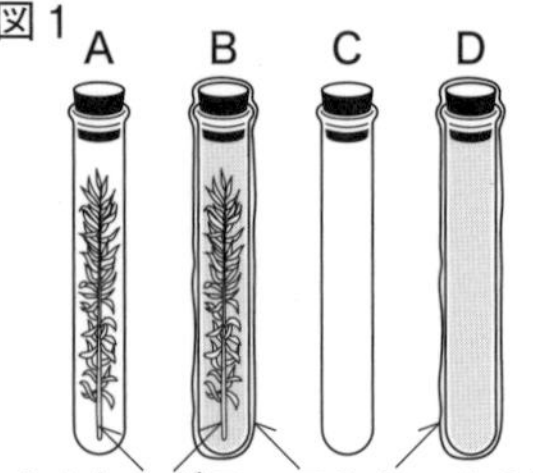

試験管	A	B	C	D
BTB液の色の変化	青色になった	黄色になった	変化なし	変化なし

(1) この実験において，試験管Aに対して試験管C，試験管Bに対して試験管Dを用意したのは，試験管A，Bの結果が何によるものであることを確かめるためですか。次の**ア**～**エ**から選びなさい。(5点)

ア 光　**イ** 温度　**ウ** 酸素　**エ** オオカナダモ

(2) 試験管Aのオオカナダモの葉をとり出し，うすいヨウ素液をたらして顕微鏡で観察したところ，細胞の中の小さな粒が青紫色に染まっていました。

① 下線部から，何がつくられていたとわかるか，書きなさい。(4点)

② この小さな粒を何というか，書きなさい。(4点)

(3) 試験管Bでは，光合成が行われず，呼吸による二酸化炭素の放出のみが起こり，溶液が酸性となったため，表のような結果になったと考えられます。これに対して，試験管Aが表のような結果になった理由を簡潔に書きなさい。(5点)

(4) オオカナダモの茎の細胞を観察するとき，図2のような顕微鏡を用いますが，どのような手順で操作しますか。次の**ア**～**エ**を正しい順に並べなさい。(5点)

図2
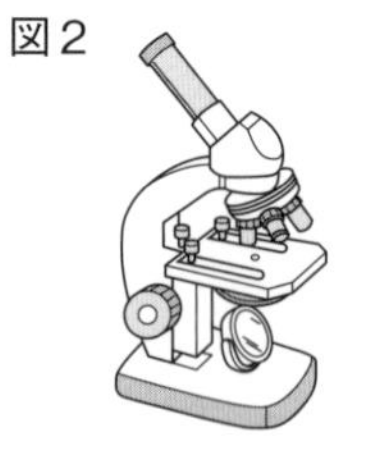

ア 対物レンズとプレパラートを横から見ながら調節ねじを回し，対物レンズとプレパラートの距離を近づける。

イ 接眼レンズをのぞきながら，反射鏡を動かして，視野全体が明るく見えるようにする。

ウ ステージにプレパラートをのせ，クリップでとめる。

エ 接眼レンズをのぞきながら調節ねじを回し，ピントを合わせる。

(1)	(2)①	②	(3)

(4) → → →

4 地層の重なりについて調べました。図１は，ボーリング調査を行ったある地域の地形を模式的に表したものであり，図２は，図１のＡ～Ｃ地点におけるボーリングで得られた試料をもとに作成した柱状図です。なお，図１の曲線は等高線を，数値は標高を示しており，------線は，すべて等間隔です。また，この地域の地層は，各層とも平行に重なっており，断層やしゅう曲はないものとします。次の問いに答えなさい。（24 点）

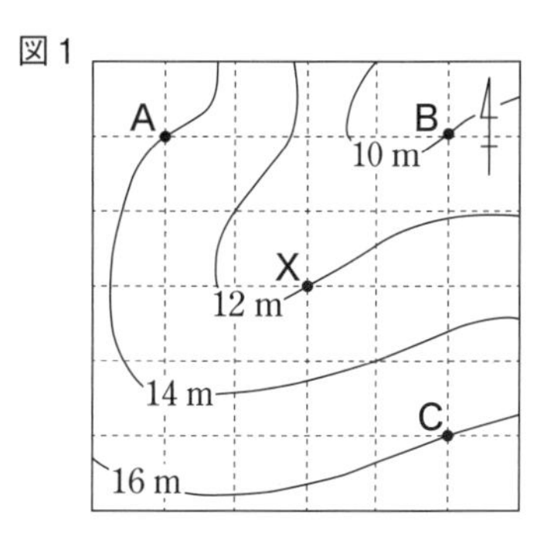

(1) Ｂ地点では，地表からの深さが 6 m より深い所には花こう岩が見られます。花こう岩には，セキエイ，チョウ石，クロウンモなど，マグマからできて結晶になったものが見られます。このようなものを何といいますか，書きなさい。（4 点）

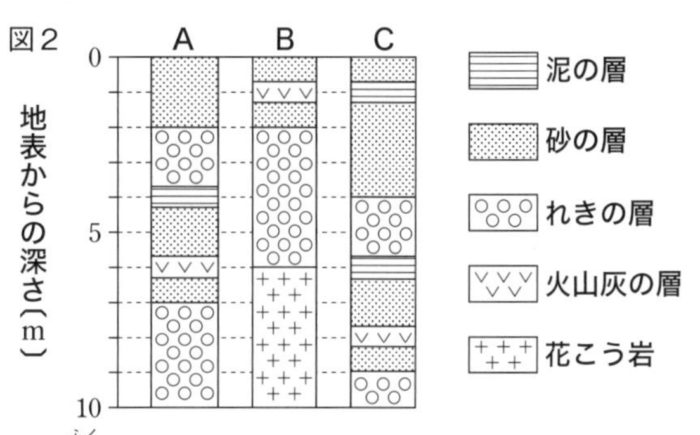

(2) Ａ～Ｃ地点のれきの層にはチャートのれきが含まれていました。このチャートのれきの表面に，鉄製のくぎで傷がつくかどうかを調べたときの結果と，うすい塩酸を 2，3 滴かけたときの反応についての説明として正しいものはどれですか。次の**ア**～**エ**から選びなさい。（5 点）

ア 表面に傷がつき，うすい塩酸をかけると二酸化炭素が発生した。
イ 表面に傷はつかず，うすい塩酸をかけても反応がなかった。
ウ 表面に傷がつくが，うすい塩酸をかけても反応がなかった。
エ 表面に傷はつかないが，うすい塩酸をかけると二酸化炭素が発生した。

(3) 地層の重なりを調査するとき，同じ火山灰を含む層があれば，遠く離れた地域の地層を比べる手がかりになります。それはなぜですか，その理由を簡潔に書きなさい。（5 点）

(4) 図１，図２から，この地域の地層は，ある方位に向かって傾いていることがわかります。地層が下に傾いている方位を，八方位で書きなさい。（5 点）

(5) 図１のＸ地点の地層の重なりを推定することにしました。この場所では，地表から深さ 10 m までの地層の重なりはどのようになっていると考えられますか。図２に示した地層を表す記号を用いて，右の図に柱状図を書きなさい。（5 点）

X
0
5
10
地表からの深さ(m)

(1) (2) (3)
(4) (5) 図に記入

高校入試模擬テスト ❷

解答p.21～22　 40分　70点で合格!　　点

1 図1は，ヒトの体内での血液循環を表した模式図です。次の問いに答えなさい。(25点)

図1

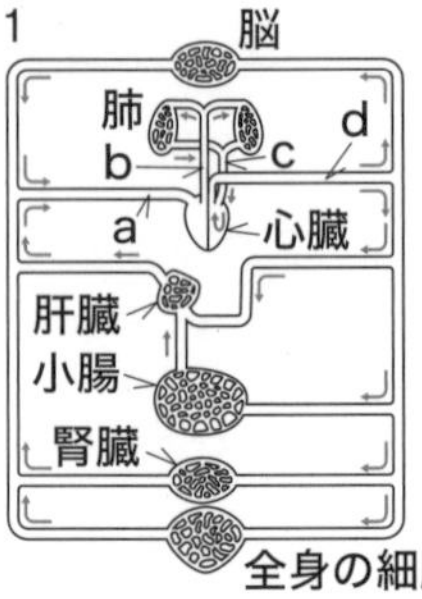

脳　肺　b　c　d　a　心臓　肝臓　小腸　腎臓　全身の細胞

(1) 血液が心臓から肺以外の全身を回って心臓にもどる経路を何というか，書きなさい。(3点)

(2) 表は，肺，小腸，腎臓の各器官を通過した後の，血液に含まれている物質**ア**～**ウ**の量の変化をまとめたものです。物質**ア**～**ウ**は，酸素，二酸化炭素，栄養分(養分)のいずれかです。物質**ア**と物質**イ**は何か，それぞれ書きなさい。(3点×2)

	肺	小 腸	腎 臓
物質**ア**	ふえる	減 る	減 る
物質**イ**	減 る	ふえる	減 る
物質**ウ**	減 る	ふえる	ふえる

(3) 図1において，静脈血の流れる動脈はどれですか。a～dから1つ選び，その記号を答えなさい。(3点)

(4) 図2は小腸の断面を表していますが，内側の壁には，たくさんのひだがあります。また，内側の壁を拡大すると，図3のような突起が多くみられます。この突起を何というか，書きなさい。(3点)

図2　図3

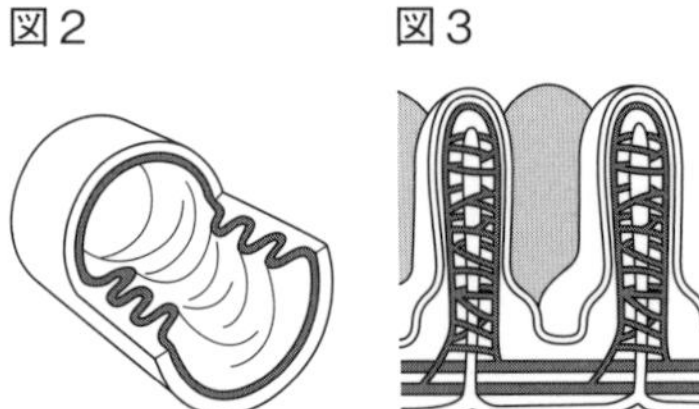

(5) 次の文は，小腸の内側に，突起やひだがあることの利点を説明したものです。空欄(X)，(Y)に適切な語句を書きなさい。(3点×2)

表面積が(　X　)なることで栄養分が(　Y　)されやすくなる。

(6) 栄養分としてとり入れられたタンパク質は，消化液のはたらきによってアミノ酸に分解され，体内に吸収されます。吸収されたアミノ酸の一部は，不要な物質に変化して体外に排出されます。このとき，アミノ酸はどのように変化していきますか。細胞の活動と肝臓のはたらきのそれぞれによって，アミノ酸が変化していく道筋に着目して簡潔に書きなさい。(4点)

(1)	(2)物質**ア**	物質**イ**	(3)	(4)
(5)X	Y	(6)		

2 次の実験について，あとの問いに答えなさい。(25点)

〔実験〕

① 金属製のコップに，くみ置きの水を半分くらい入れ，水の温度と実験を行った部屋の室温をはかったところ，同じであった。

② 図1のように，金属製のコップの中の水をガラス棒でかき混ぜながら氷水を少しずつ入れていき，金属製のコップの表面がくもって水滴(すいてき)がつき始めたときの水の温度をはかった。

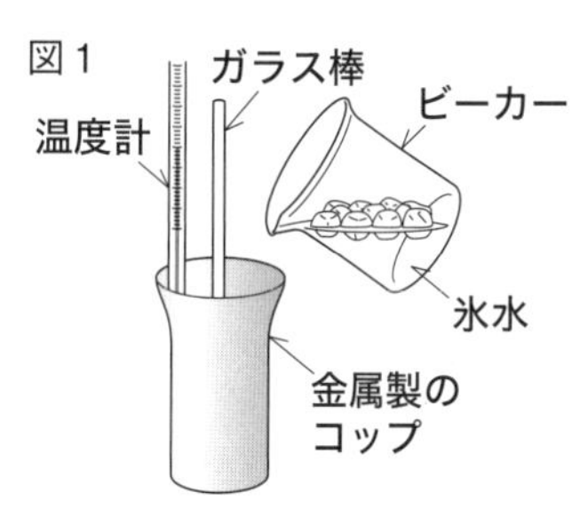

〔調べてわかったこと〕

この実験を行った日の気象台における気温，湿度(しつど)，風向と風力を調べた。図2は，その結果をグラフに表したものである。ただし，風向と風力は，3時間ごとの記録を示したものである。また，天気図から，実験を行った日の12時から15時の間に寒冷前線が通過したことがわかった。

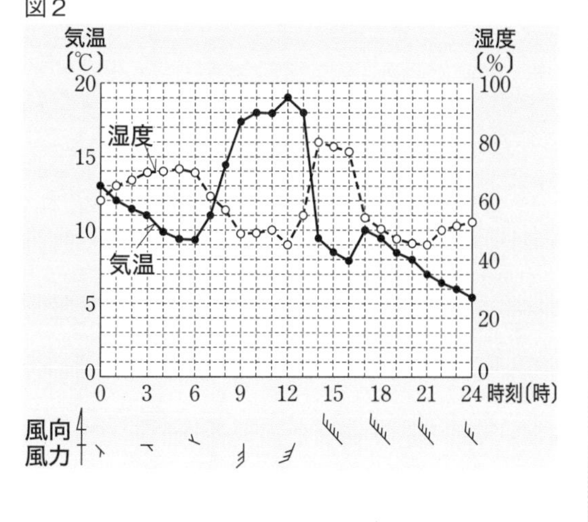

(1) 図2をみて，次のア～エの時刻の中で，空気1 m^3 中に含(ふく)まれる水蒸気量が最も少ない時刻を1つ選び，その記号を答えなさい。(8点)

ア 10時　**イ** 14時　**ウ** 18時　**エ** 22時

(2) 実験を行ったのは12時でした。コップの表面がくもって水滴がつき始めたときの水の温度はおよそ何℃ですか。気温と飽和(ほうわ)水蒸気量の関係を示した右の表と図2を用いて，整数で答えなさい。ただし，コップの表面付近の空気の温度は，コップの中の水の温度と等しいものとします。(8点)

気温〔℃〕	飽和水蒸気量〔g/m^3〕	気温〔℃〕	飽和水蒸気量〔g/m^3〕	気温〔℃〕	飽和水蒸気量〔g/m^3〕
0	4.8	7	7.8	14	12.1
1	5.2	8	8.3	15	12.8
2	5.6	9	8.8	16	13.6
3	5.9	10	9.4	17	14.5
4	6.4	11	10.0	18	15.4
5	6.8	12	10.7	19	16.3
6	7.3	13	11.4	20	17.3

(3) 寒冷前線が通過したことが判断できる気象要素の変化について，図2から読みとれることを2つ書きなさい。(9点)

(1)	(2)	(3)

3

炭酸水素ナトリウムと5％の塩酸を反応させると気体が発生しました。このときの質量の変化を調べるために，次の(a)～(c)の手順で実験を行いました。表は，その結果をまとめたものです。この実験について，あとの問いに答えなさい。(25点)

図1

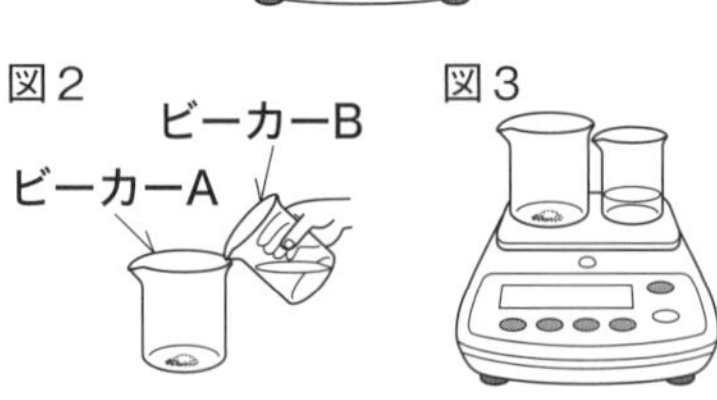

〔実験〕

(a) ビーカーAには炭酸水素ナトリウム1.0 g，ビーカーBには5％の塩酸35 cm^3 をそれぞれ入れ，図1のように全体の質量をはかる。

図2　ビーカーB　ビーカーA

図3

(b) 図2のように，ビーカーBの5％の塩酸を，ビーカーAに加えて十分に反応させたあと，図3のように，全体の質量をはかる。

(c) 5％の塩酸の量は変えず，炭酸水素ナトリウムの質量を2.0 g, 3.0 g, 4.0 g, 5.0 g, 6.0 gに変え，(a)，(b)と同様の操作を行う。

炭酸水素ナトリウムの質量〔g〕	1.0	2.0	3.0	4.0	5.0	6.0
(a)ではかった質量〔g〕	202.2	203.2	204.2	205.2	206.2	207.2
(b)ではかった質量〔g〕	201.7	202.2	202.7	203.2	204.2	205.2

(1) 7％の塩酸320 gを水でうすめて，この実験で使用する5％の塩酸をつくりました。加えた水は何gか，求めなさい。(6点)

(2) この実験において，炭酸水素ナトリウムの質量と発生した気体の質量の関係を表したグラフとして最も適切なものはどれですか。次の**ア**～**エ**から1つ選び，その記号を答えなさい。(6点)

ア

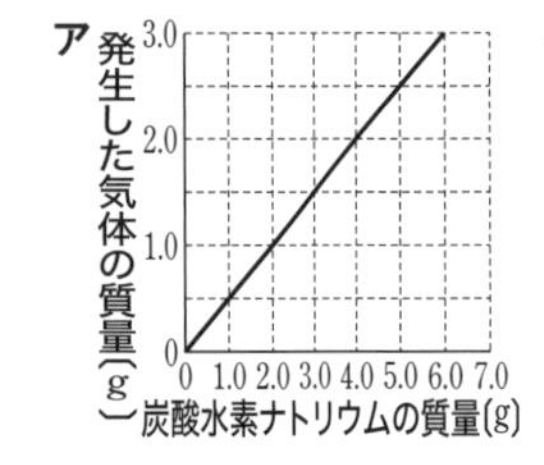

イ

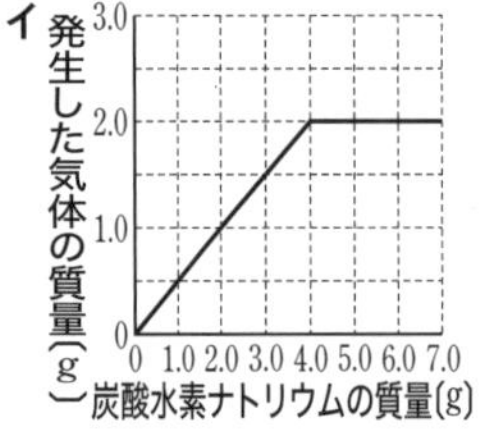

ウ

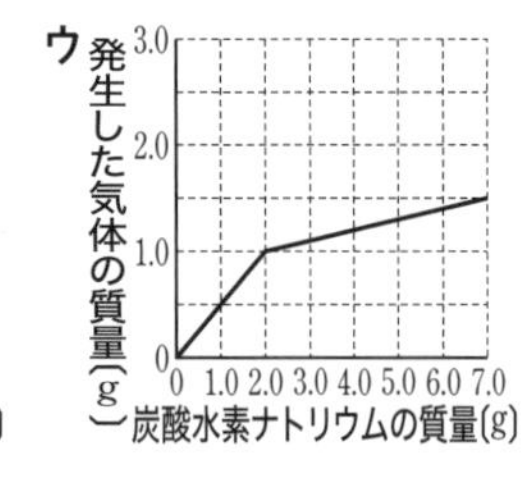

エ

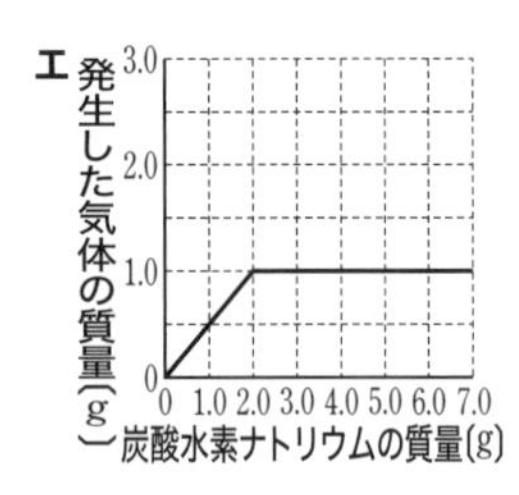

(3) この実験の結果から，炭酸水素ナトリウム7.5 gに，5％の塩酸56 cm^3 を加えて反応させるとき，発生する気体は何gか，小数第1位まで求めなさい。(6点)

(4) ベーキングパウダーの中に含(ふく)まれている炭酸水素ナトリウムの割合を調べるために，8.7 gのベーキングパウダーを使い，上の実験(a)，(b)と同様の操作を行ったところ，(a)では209.9 g，(b)では208.8 gになりました。このベーキングパウダーに含まれている炭酸水素ナトリウムの割合は何％か，四捨五入して小数第1位まで求めなさい。ただし，5％の塩酸はベーキングパウダーに含まれているほかの物質とは反応しないものとします。(7点)

(1)	(2)	(3)	(4)

4

電熱線の発熱量について調べるために次の実験を行いました。これについて，あとの問いに答えなさい。(25点)

〔実験〕

(a) ポリエチレンのビーカー3個に，それぞれ室温と同じ18.0℃の水を同量ずつ入れた。

(b) 図1のような，屋内配線用ケーブルに3種類の電熱線(電気抵抗2.0 Ω，4.0 Ω，6.0 Ω)をそれぞれ固定した3種類のヒーターA，B，Cをつくった。

図1

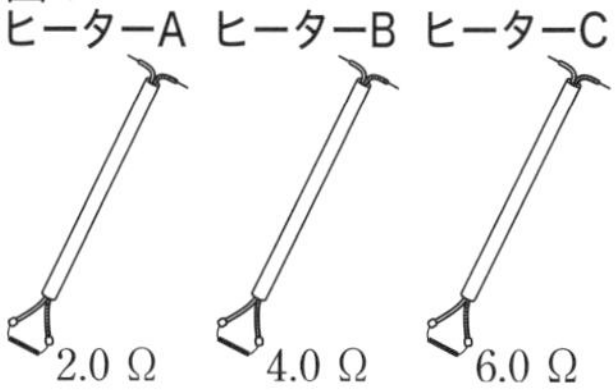

ヒーターA　ヒーターB　ヒーターC

2.0 Ω　4.0 Ω　6.0 Ω

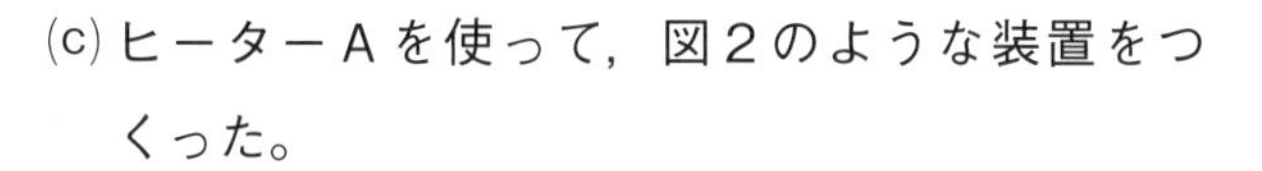

(c) ヒーターAを使って，図2のような装置をつくった。

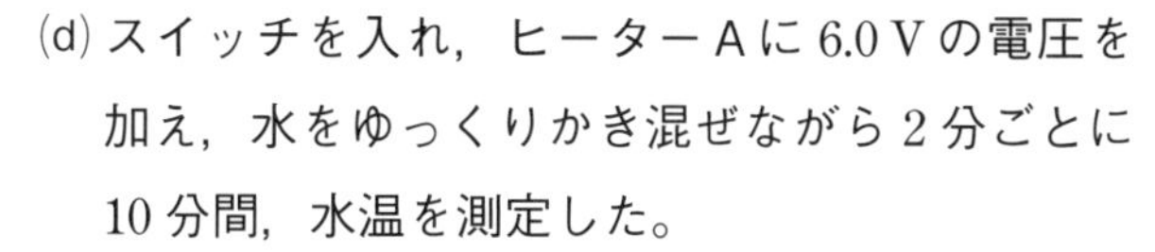

(d) スイッチを入れ，ヒーターAに6.0 Vの電圧を加え，水をゆっくりかき混ぜながら2分ごとに10分間，水温を測定した。

(e) ビーカーを別のものにかえ，ヒーターBやヒーターCに6.0 Vの電圧を加えた場合についても同様に調べた。

図2

電源装置

温度計

スイッチ

ガラス棒

ポリエチレンのビーカー

水

発泡ポリスチレンの板

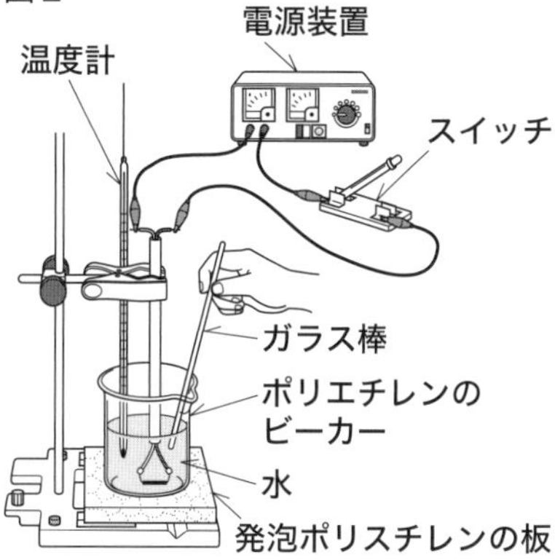

下の表は，ヒーターA，Bを用いた実験ではかった水温をまとめたものです。ただし，この実験では，電熱線で発生した熱は水の温度上昇(じょうしょう)のみに使われたものとします。

	0分後	2分後	4分後	6分後	8分後	10分後
ヒーターA	18.0	21.0	24.0	27.0	30.0	33.0
ヒーターB	18.0	19.5	21.0	22.5	24.0	25.5

(1) ヒーターAに6.0 Vの電圧を加えた実験について，次の①，②の問いにそれぞれ答えなさい。(5点×2)

① ヒーターAに流れた電流は何Aですか。

② 電圧を2分間加えたときの発熱量は何Jですか。

(2) ヒーターCに6.0 Vの電圧を加えた実験について，10分後の水温は何℃になるか，答えなさい。(5点)

(3) 次の文は，実験の結果から考察したものです。文の①，②の(　)の**ア**，**イ**のうち，適切な語をそれぞれ1つずつ選び，その記号を答えなさい。(5点×2)

> ヒーターA，B，Cを用いた実験の結果から，電熱線の発熱量は電圧を加えた時間に①(**ア**　比例　**イ**　反比例)していることがわかった。また，それぞれの水の上昇温度を比べると，電熱線の発熱量は，流れた電流の大きさに②(**ア**　比例　**イ**　反比例)していることがわかった。

(1)①	②	(2)	(3)①	②

[　　月　　日]

高校入試模擬テスト ③

解答p.23～24

50分

70点で合格!

点

1

メンデルが行った次の実験について，あとの問いに答えなさい。(20点)

19世紀の中頃，メンデルはエンドウを材料にして，種子の形や子葉の色などの7種類の形質の伝わり方を研究しました。右の図はメンデルの実験のうち，種子の形についての実験結果を示しています。

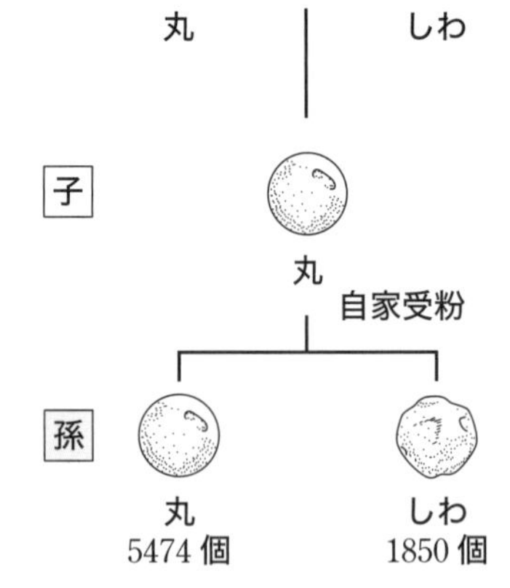

〔実験1〕

① 丸い種子をつくる純系としわのある種子をつくる純系の種子をまいて育てた。その後，それらを親として，丸い種子をつくる純系のエンドウの花粉をしわのある種子をつくる純系のエンドウのめしべに受粉させて種子をつくった。

② ①の結果，できた子の種子の形は，すべて丸い種子となった。

〔実験2〕

① 実験1の結果，子としてできた丸い種子をまいて育て，自家受粉させた。

② ①の結果，孫として，丸い種子が5474個，しわのある種子が1850個できた。

(1) 次の文は，実験1について述べたものです。種子の形を丸くする遺伝子をA，しわにする遺伝子をaで表すとき，文中の(　X　)～(　Z　)にあてはまる記号をそれぞれ書きなさい。(4点×3)

> 丸い種子をつくる純系のエンドウの花粉から伸(の)びた花粉管に含(ふく)まれる精細胞(せいさいぼう)がもつ遺伝子は(　X　)であり，しわのある種子をつくる純系のエンドウの胚珠(はいしゅ)に含まれる卵(らん)細胞がもつ遺伝子は(　Y　)である。したがって，これらの精細胞の核(かく)と卵細胞の核が受精してできる受精卵に含まれる遺伝子は(　Z　)である。

(2) 実験2の結果について，次の①，②の問いに答えなさい。

① 孫としてできた種子に現れた丸い種子の数としわのある種子の数のおよその割合はどうなりますか。少ないほうの数を1として整数比で書きなさい。(4点)

② 孫としてできた種子の遺伝子の組み合わせをすべて表すと，その割合はどうなりますか。最も簡単な整数比で表したものを，次の**ア**～**エ**から1つ選び，記号で答えなさい。ただし，種子の形を丸くする遺伝子をA，しわにする遺伝子をaとします。(4点)

ア　AA：aa＝1：1　　**イ**　Aa：aa＝1：1

ウ　AA：Aa：aa＝2：1：1　　**エ**　AA：Aa：aa＝1：2：1

(1)X	Y	Z	(2)①丸：しわ＝	②

2

力と物体の運動との関係について調べるために，斜面と水平面をなめらかにつないで，次の実験を行いました。これについて，あとの問いに答えなさい。ただし，摩擦力や空気の抵抗は考えないものとします。（20点）

〔実験〕

① 図1のように，1秒間に60回打点する記録タイマーを斜面の上部に固定して，記録テープを記録タイマーに通し，一端を台車に貼りつけた。

② 台車を斜面上のある位置に静止させ，記録タイマーのスイッチを入れると同時に，静止させた台車から静かに手をはなし，台車を運動させてそのようすを記録した。

図1

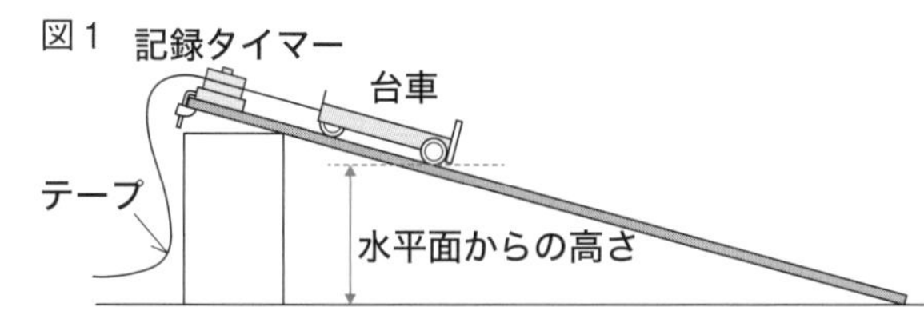

(1) 実験の②において，斜面上の台車にはたらく重力の向きを表したものとして，適切なものを次の**ア**～**エ**から1つ選び，記号で答えなさい。ただし，それぞれの図の「•」は作用点です。（4点）

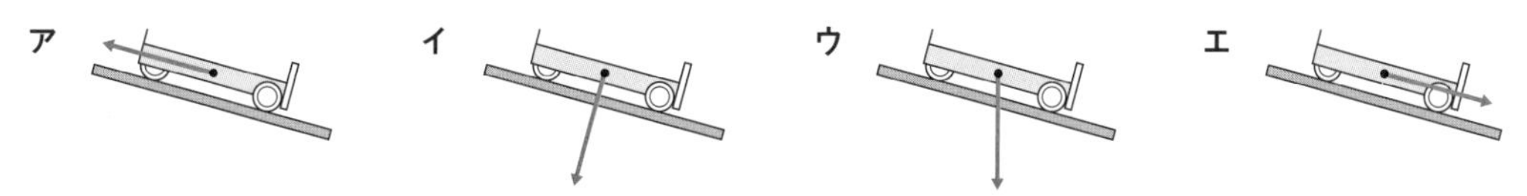

(2) 図2は，実験の②で記録されたテープを打点が重なり合わず，はっきりと判別できる点から6打点ごとに切りとり，グラフ用紙に左から順に下端をそろえて貼りつけたものです。次の文は，実験の②の結果をもとにまとめたものです。あとの問いに答えなさい。なお，貼りつけたテープの打点は省略してあります。

図2

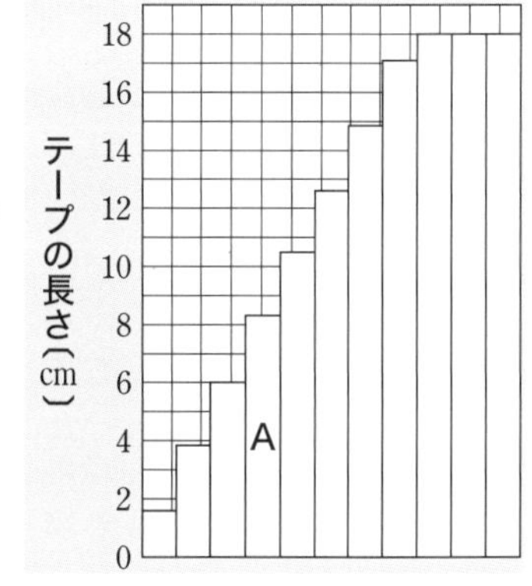

〔まとめ〕
斜面をおりる台車の速さは，しだいに［ X ］なることがわかった。また，斜面をくだり終わったあと，水平面を運動する台車は，一定の速さで一直線上を動く［ Y ］運動をしていることがわかった。

① ［ X ］，［ Y ］に適切な語句を書きなさい。（4点×2）

② 図2のAのテープの長さは，8.2 cmでした。Aのテープを記録している間の，台車の平均の速さは何cm/sか，求めなさい。（4点）

(3) 斜面の傾きを実験の②より大きくし，台車を静止させる位置の水平面の高さを実験の②と同じにし，実験の①，②と同様の操作を行いました。このとき，水平面を運動しているときの速さは，実験の②と比べてどうなりますか。簡潔に書きなさい。（4点）

(1)	(2)① X	Y	②	(3)

3 天体の動きについてあとの問いに答えなさい。(20点)

図1と図2は，静岡県内の東経138°，北緯35°の場所で，ある年の2月25日午後8時とその4日後の3月1日午後8時に，南の空を肉眼で観察して，月と2つの恒星(ベテルギウスとシリウス)のようすをスケッチしたものである。

図1

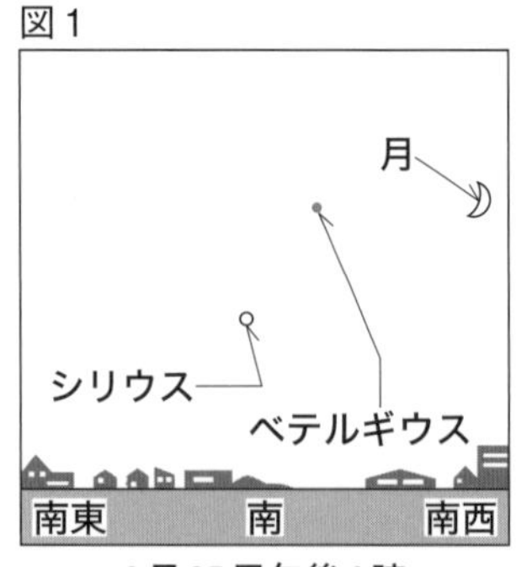

2月25日午後8時

図2

月
シリウス
ベテルギウス
南東
南
南西

3月1日午後8時

(1) 図1と図2を比べるとわかるように，同じ時刻に観察した月と2つの恒星は，日がたつにつれて，月は西から東へ，2つの恒星は東から西へと見える位置が変わりました。月と2つの恒星のそれぞれについて，見える位置が変わった原因として最も適切なものを，次の**ア**～**エ**から1つずつ選び，記号で答えなさい。なお，同じものを2度用いてもよいものとします。(3点×2)

ア　地球の自転　　**イ**　地球の公転　　**ウ**　月の自転　　**エ**　月の公転

(2) 図2の南の空を観察してから4時間後に西の空を肉眼で観察しました。このときの月と2つの恒星の位置として最も適切なものを，次の**ア**～**エ**から1つ選び，記号で答えなさい。(2点)

ア

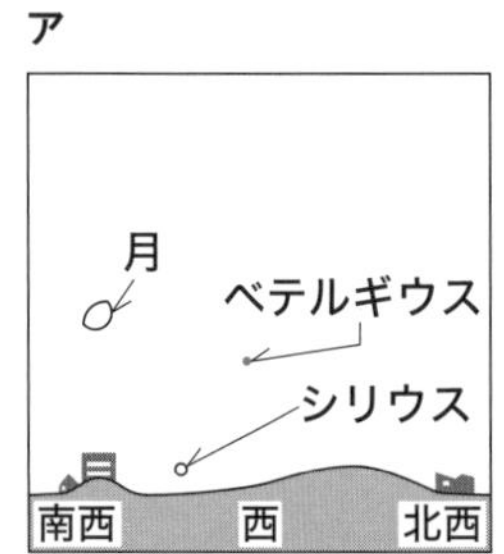

イ

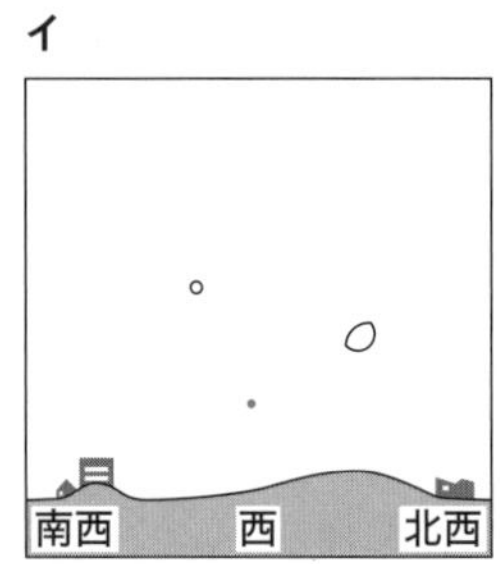

ウ

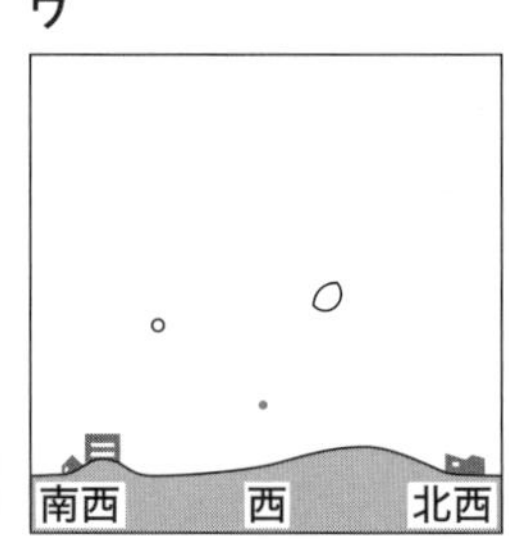

エ

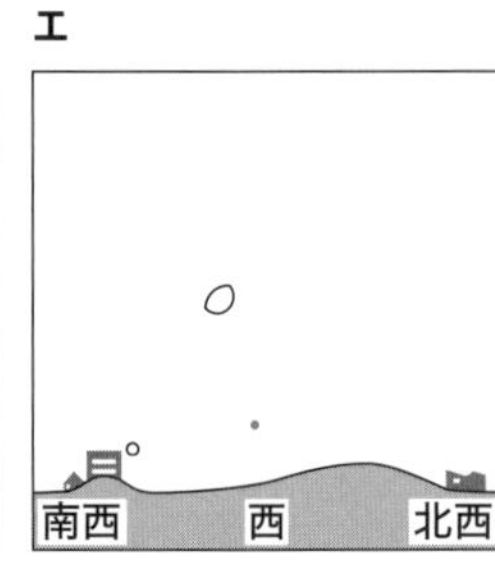

(3) 1日目の観察を行った2月25日の2か月前の12月25日にベテルギウスを同じ場所で観察していたとすると，12月25日のベテルギウスが，図1と同じ位置に見えたのは何時頃でしたか，答えなさい。(3点)

(4) 図2の南の空を観察したとき，シリウスが見える高度は40°でした。図2の南の空を観察した同じ日時に，南半球上の東経138°，南緯35°の場所でシリウスを観察したときの，シリウスが見える方角(東・西・南・北の四方位)と高度を答えなさい。(3点×2)

(5) 図2を観察してから何日かあとに月食が観察されました。この日付として最も近いと考えられるものを，次の**ア**～**エ**から選び，記号で答えなさい。(3点)

ア　3月4日　　**イ**　3月8日　　**ウ**　3月20日　　**エ**　3月27日

(1)月	恒星	(2)	(3)	(4)方角	高度
(5)					

4

次の実験について，あとの問いに答えなさい。(20点)

図1

こまごめピペット

ガラス棒

〔実験〕 ① うすい塩酸をビーカーA，ビーカーBに $10\ cm^3$ ずつ入れ，それぞれにBTB液を加えた。

② うすい硫酸(りゅうさん)をビーカーC，ビーカーDに $10\ cm^3$ ずつ入れ，それぞれにBTB液を加えた。

③ うすい水酸化ナトリウム水溶液(すいようえき)とうすい水酸化バリウム水溶液をそれぞれ $100\ cm^3$ 用意した。図1のように，こまごめピペットを用いて，うすい水酸化ナトリウム水溶液をビーカーAとビーカーCに，うすい水酸化バリウム水溶液をビーカーBとビーカーDに，水溶液が緑色に変化するまで少しずつ加えた。

④ ③において，水溶液が緑色に変化するまで加えたうすい水酸化ナトリウム水溶液の量とうすい水酸化バリウム水溶液の量をそれぞれ記録し，右の表にまとめた。

	加えたうすい水酸化ナトリウム水溶液の量	加えたうすい水酸化バリウム水溶液の量
うすい塩酸 $10\ cm^3$	$20\ cm^3$（ビーカーA）	$10\ cm^3$（ビーカーB）
うすい硫酸 $10\ cm^3$	$10\ cm^3$（ビーカーC）	$5\ cm^3$（ビーカーD）

〔結果〕 実験の③を行ったあとのビーカーA～Cの水溶液は透明(とうめい)であり，ビーカーDの水溶液は濁(にご)った。ビーカーDの底に白い沈殿物(ちんでんぶつ)を確認(かくにん)することができた。

P: SO_4^{2-}　Ba^{2+}　Ba^{2+}　SO_4^{2-}

Q: $BaSO_4$　$BaSO_4$

(1) 結果のビーカーDの水溶液中の塩のようすをモデルで表したものを右のP，Qから選びなさい。(6点)

(2) 実験の③のビーカーAの水溶液中で起きた化学変化を，化学反応式で書きなさい。(6点)

(3) 図2は，実験で使用したうすい塩酸 $10\ cm^3$ に含(ふく)まれる水素イオンの数を X 個としたときの，実験の③におけるビーカーAの水溶液中の水素イオンの数の変化を表したグラフです。結果と図2から，実験の③でビーカーCに加えたうすい水酸化ナトリウム水溶液の量と，ビーカーCの水溶液中の水素イオンの数の変化を表したグラフとして適切なものを，次の**ア**～**エ**から選び，記号で答えなさい。(8点)

図2

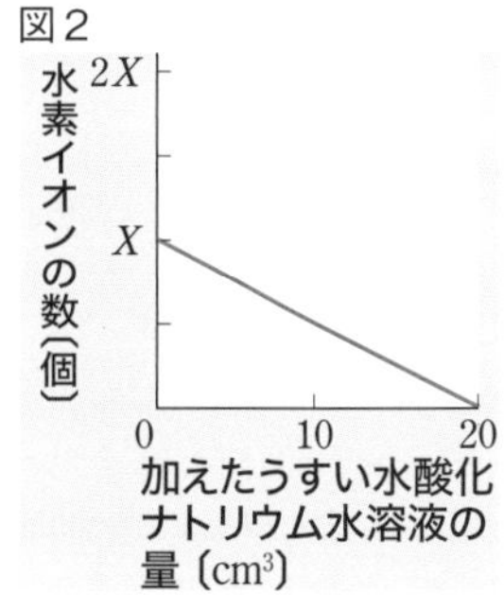

ア
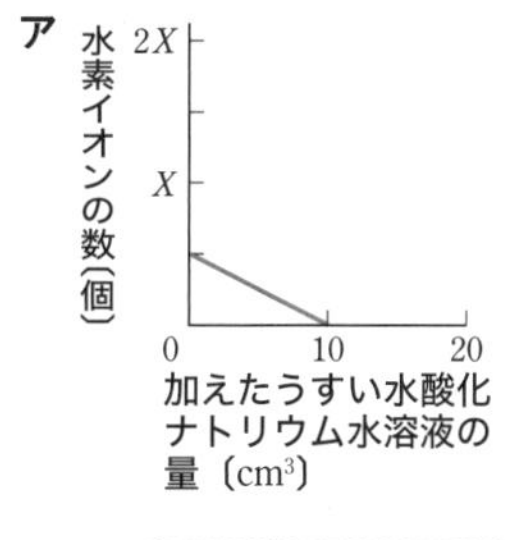

イ
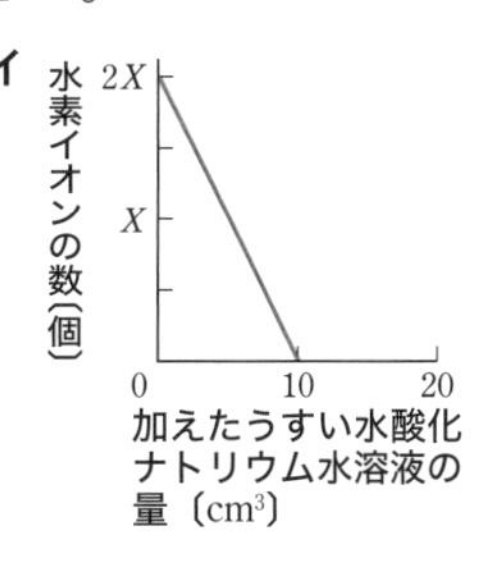

ウ
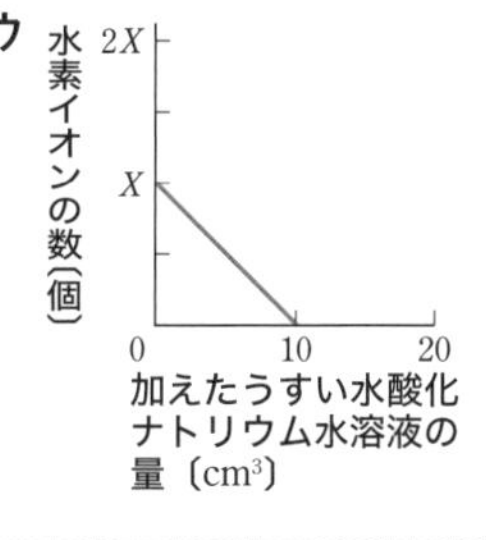

エ
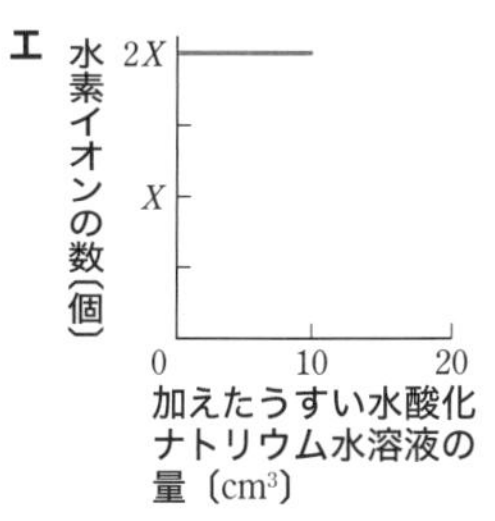

(1)	(2)	(3)

5 自然界における生物どうしのつながりについて調べました。あとの問いに答えなさい。(20点)

〔調べてわかったこと〕

1．肉食動物，草食動物，植物を，数量の多いものから順に下から積み上げていくと，つりあいが保たれている状態の数量の関係は，図1のようなピラミッドの形で表すことができる。また，①何らかの原因で草食動物の数量の一時的な増加がみられたとき，肉食動物と植物の数量は変動するが，ある程度長い期間で考えると，再び生物の数量的なつりあいが保たれている状態にもどる。

図1

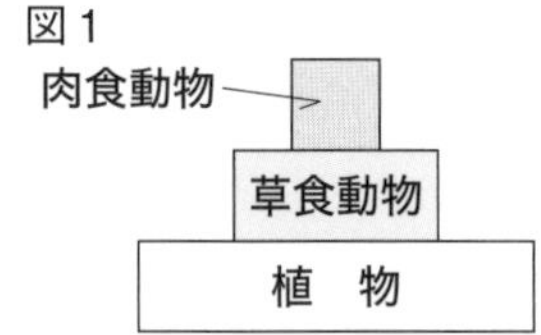

2．雑木林に積もった落ち葉の表面に見られる白い毛のようなものはカビのなかまであり，②カビは生物の死がいや排出物(はいしゅつぶつ)などの有機物を無機物に分解している。

3．自然界における炭素の循環(じゅんかん)について，図2のようにまとめた。

図2

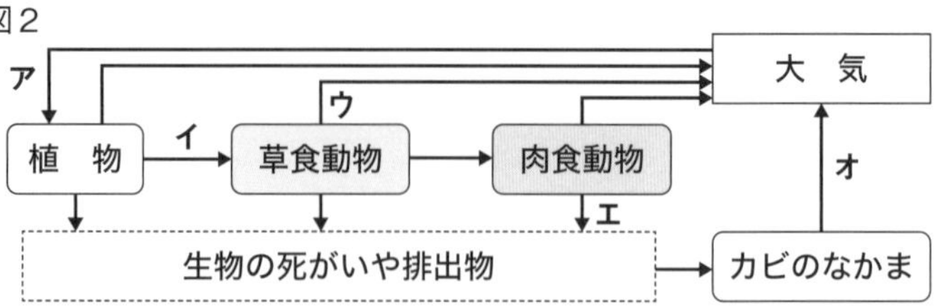

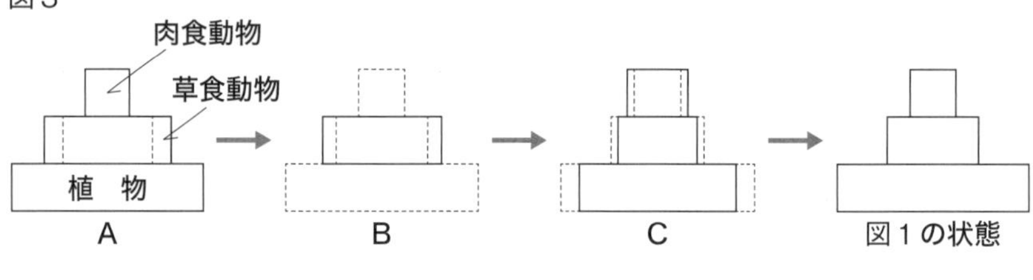

(1) 図3は，調べてわかったことの1の下線部①について，「何らかの原因でAのように草食動物の数量が一時的に増加したとき，再びつりあいが保たれている図1の状態にもどるまでのようす」を模式的に表したものです。図3のBでは，肉食動物と植物の数量はどのように表すことができるか図4に描(か)き入れなさい。ただし，図3の‐‐‐‐‐は，つりあいが保たれている図1の状態と同じ数量を表すものとします。(5点)

図3

肉食動物　草食動物　植　物

A → B → C → 図1の状態

図4

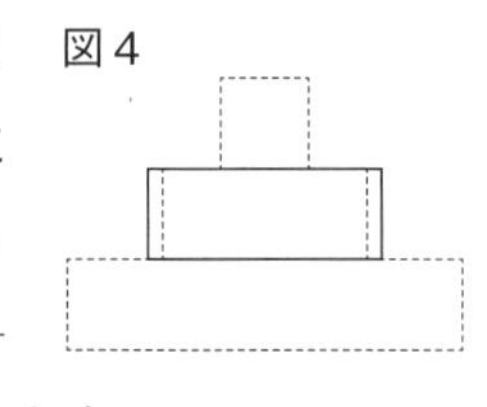

(2) (1)について，Aのように草食動物の数量が一時的に増加したとき，Bのような数量的な関係となる理由を簡潔に書きなさい。(6点)

(3) 調べてわかったことの2と3について，次の①，②の問いに答えなさい。

① 下線部②についてまとめた次の文の［　　］にあてはまる語句を書きなさい。(4点)

> カビは，生物の死がいや排出物などの有機物を養分としてとり入れ，［　　］というはたらきによって無機物に分解することで，エネルギーをとり出している。

② 図2の**ア**～**オ**から無機物に含(ふく)まれる炭素の流れを表すものをすべて選びなさい。(5点)

(1) 図4に記入	(2)		
		(3)①	②

暗記カード16 天体の動き

1 次の図の(　　)の中に言葉や数値を入れなさい。

●太陽の通り道

(夏至)の日
(春分・秋分)の日
(冬至)の日
(西)
(南)
(北)
(東)
O

▶北緯35度の地点での春分・秋分の日の南中高度
$90°-(35)°=(55)°$

●月の満ち欠け

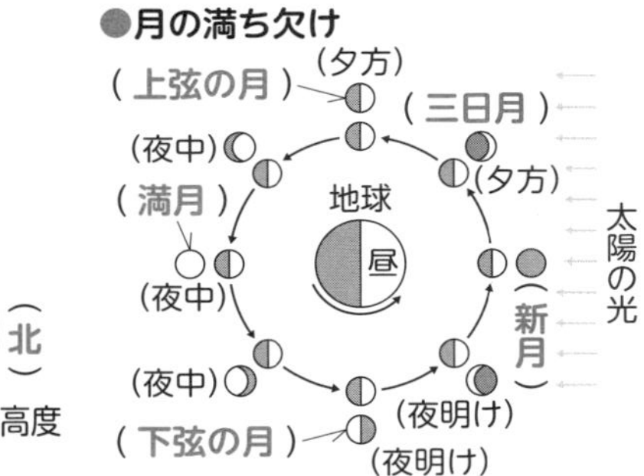

2 次の□の中に言葉や数字を入れなさい。

❶ 太陽や恒星が動いて見える仮想の球形のドームを□という。
❷ 北の空の星は□を中心に反時計回りに動く。
❸ 南の空の星は１時間に約□度東から西へ動く。
❹ 天球上の星座の間を動いていくように見える太陽の通り道を□という。
❺ 太陽の表面の黒く見える点を□という。
❻ 地球の月のように，惑星のまわりを公転する天体を□という。
❼ 太陽，月，地球の順に一直線に並び，太陽が欠けて見える現象を□という。
❽ 金星は地球より内側を公転している□である。
❾ 日本では，太陽の南中高度が最も高い日は□の日である。

2

❶	天球
❷	北極星
❸	15
❹	黄道
❺	黒点
❻	衛星
❼	日食
❽	内惑星
❾	夏至

①（ここで山折り）

暗記カード1 光・音・力のつりあい

1 次の図の(　　)の中に言葉や記号を入れなさい。

●光の進み方

物質Ⅰ
物質Ⅱ
光
A
B
a b
c
C

▶∠a=(∠b)
▶物質Ⅰが空気，物質Ⅱがガラスのとき
∠a(＞)∠c

▶Aを(入射光)，aを(入射角)，Bを(反射光)，bを(反射角)，Cを(屈折光)，cを(屈折角)

●音の大小，高低

ことじ
モノコード

▶ことじの位置はそのままで，弦を強くはじく
➡音は(大きくなる)。

▶ことじの位置を変えて弦を短くし，同じ強さではじく
➡音は(高くなる)。

●力のつりあい

糸が物体を引く力
摩擦力
机

2力の(大きさ)が等しく，(一直線)上にあり，向きが(反対)のとき，2力は(つりあって)いる。

2 次の□の中に言葉を入れなさい。

❶ 太陽のように，自ら光を出す物体を□という。
❷ 光がまっすぐ進むことを光の□という。
❸ 入射角と反射角とが等しくなるように光が進む現象を光の□の法則という。
❹ 細かい凹凸がある物体に光が当たったとき，光がさまざまな方向にはね返ることを□という。
❺ 光が異なる物質中を進むとき，その境界面で折れ曲がるようにして進む現象を光の□という。
❻ 物体を凸レンズの焦点の外側に置いたとき，実際にスクリーンにうつる像を□という。
❼ 音の大きさは□によって決まる。
❽ 音の高さは□によって決まる。
❾ 2つの力がつりあうとき，同一□上にあり，向きは逆向きで，大きさは等しくなっている。

2

❶	光源
❷	直進
❸	反射
❹	乱反射
❺	屈折
❻	実像
❼	振幅
❽	振動数
❾	直線

暗記カード 2 電流と磁界

1 次の図の(　　)の中に言葉を入れなさい。

●電流と磁界

電流　動く　(磁石)がつくる磁界　(電流)がつくる磁界　電流　(力)　右に動く

磁界の向きが同じ➡(強)め合う　磁界の向きが逆➡(弱)め合う

●電磁誘導

誘導電流の向き　N　近づける　誘導電流　(N)極　検流計　S

近づける　S　(S)極　N

N　遠ざける　(S)極　N

遠ざける　S　(N)極　S

2 次の□の中に言葉を入れなさい。

❶ 電流計は測定する部分(抵抗)に□に接続する。
❷ 電圧計は測定する部分(抵抗)に□に接続する。
❸ 電熱線を流れる電流の大きさは，電圧に比例するという関係を□の法則という。
❹ 2つの抵抗を直列につないだ回路では，それぞれの抵抗に流れる□は等しくなる。
❺ 2つの抵抗を並列につないだ回路では，それぞれの抵抗にかかる□は等しくなる。
❻ 電流の正体は□の流れである。
❼ 磁力がはたらいている空間を□という。
❽ 磁針のN極がさす方向を□という。
❾ 乾電池などを流れる電流を□という。
❿ 家庭内のコンセントなどに流れる電流を□という。

2

❶	直列
❷	並列
❸	オーム
❹	電流
❺	電圧
❻	電子
❼	磁界
❽	磁界の向き
❾	直流
❿	交流

暗記カード 15 気象観測と天気の変化

1 次の図の(　　)の中に言葉を入れなさい。

●低気圧と前線

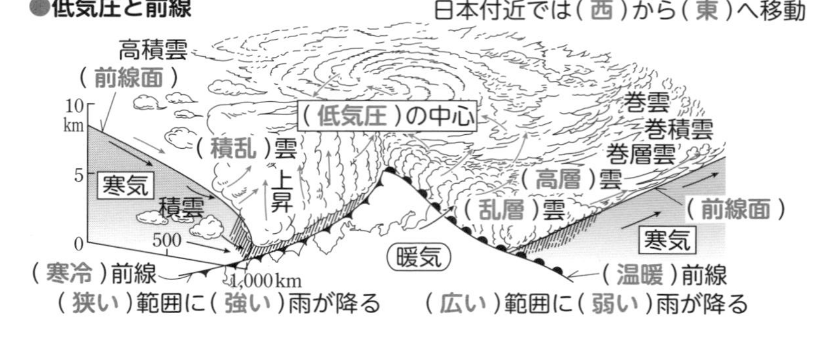

2 次の□の中に言葉を入れなさい。

❶ 空気中の水蒸気が凝結して水滴ができ始める温度を□という。
❷ ある気温で空気 $1\ m^3$ に含まれる最大限の水蒸気量を□という。
❸ 上空に浮かんでいる水滴や氷の粒が□である。
❹ 低気圧の中心付近では□気流が発生する。
❺ 高気圧の中心付近では□気流が発生する。
❻ 大陸や海洋上に長くとどまり，気温や湿度がほぼ一定の空気のかたまりを□という。
❼ 冬には大陸に□が発達して，西高東低の気圧配置になりやすい。
❽ 夏から秋にかけて，日本の南海上に発生した熱帯低気圧が発達したものを□という。
❾ 日本付近上空には□という西風が吹いている。

2

❶	露点
❷	飽和水蒸気量
❸	雲
❹	上昇
❺	下降
❻	気団
❼	シベリア気団（高気圧）
❽	台風
❾	偏西風

暗記カード14 火山と地震，地層のようす

1 次の図の（　　）の中に言葉を入れなさい。

●震源からの距離と時間

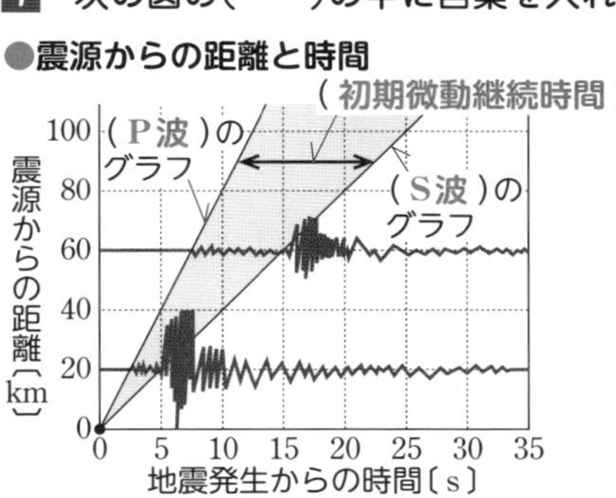

●火成岩の分類

火成岩				
火山岩（斑状組織）	流紋岩	（安山岩）	（玄武岩）
深成岩（等粒状組織）	（花こう岩）	閃緑岩	はんれい岩
火成岩の色	白っぽい	⇔	黒っぽい
SiO_2含有量	66％	52％	15％

鉱物を含む割合〔体積％〕 100 50 0
無色鉱物　有色鉱物
（セキエイ）（チョウ石）カンラン石
（クロウンモ）カクセン石
その他　キ石

2 次の□の中に言葉を入れなさい。

❶ □が冷え固まってできた岩石を火成岩という。
❷ 地表や地表近くで急に冷え固まってできた火成岩を□という。
❸ 地下深い所でゆっくり冷え固まってできた火成岩を□という。
❹ 地震（じしん）が発生した場所を□という。
❺ 地震の規模の大きさは□という単位で表す。
❻ 地震によるゆれの大きさは□で表す。
❼ れき岩，砂岩，泥岩（でいがん）の区別は，含（ふく）まれる□の大きさによる。
❽ 地層が堆積（たいせき）した年代を推定できる化石を□という。
❾ 地層に大きな力がはたらいてできる地層のずれを□という。

2
❶ マグマ
❷ 火山岩
❸ 深成岩
❹ 震源
❺ マグニチュード
❻ 震度
❼ 粒（つぶ）
❽ 示準化石
❾ 断層

②（ここで山折り）

暗記カード3 運動とエネルギー

1 次の図の（　　）の中に言葉や数値を入れなさい。

●振り子の運動

位置エネルギー（最大）
運動エネルギー（0）
A B C D E
運動エネルギー（最大）
位置エネルギー（0）
基準面
エネルギーの移り変わり
（位置）エネルギー　（運動）エネルギー

●仕事の原理

物体に加えた力の大きさ（10N）
定滑車
力を加えて引き下げた距離（1m）
動滑車
1kgの物体
1m
物体に加えた力の大きさ（5N）
力を加えて引き下げた距離（2m）

2 次の□の中に言葉を入れなさい。

❶ ある区間を一定の速さで進む速さを□という。
❷ ある地点でのごく短い時間の速さを□という。
❸ 物体が，一定の速さで一直線上を移動する運動を□という。
❹ 物体に力を加えたとき，物体から同じ大きさの逆向きの力を受けることを□の法則という。
❺ 物体に力を加えて，力の向きに物体を動かしたとき，力は物体に□をしたという。
❻ 道具を使っても使わなくても，仕事の大きさは変わらないことを□という。
❼ 物体がもっている，運動の状態を続けようとする性質を□という。
❽ 高い所にある物体は□エネルギーをもつ。
❾ 運動している物体は□エネルギーをもつ。

2
❶ 平均の速さ
❷ 瞬間（しゅんかん）の速さ
❸ 等速直線運動
❹ 作用・反作用
❺ 仕事
❻ 仕事の原理
❼ 慣性
❽ 位置
❾ 運動

暗記カード 4 身のまわりの物質，水溶液

1 次の図の(　　)の中に言葉を，〔　　〕には化学式を入れなさい。

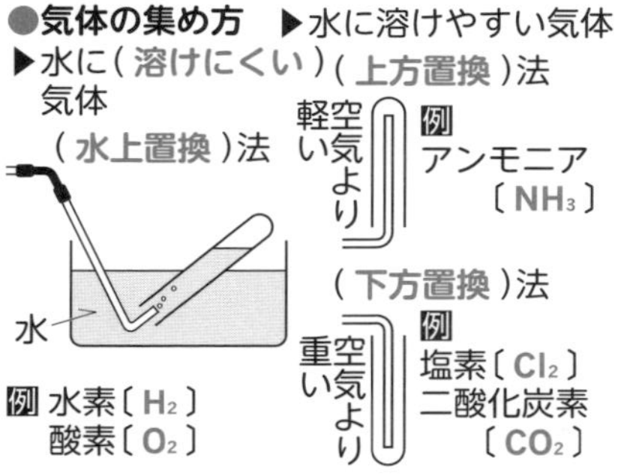

●気体の集め方
▶水に(溶けにくい)気体
(水上置換)法
水
例 水素〔H_2〕
酸素〔O_2〕
▶水に溶けやすい気体
(上方置換)法
空気より軽い
例 アンモニア〔NH_3〕
(下方置換)法
空気より重い
例 塩素〔Cl_2〕
二酸化炭素〔CO_2〕

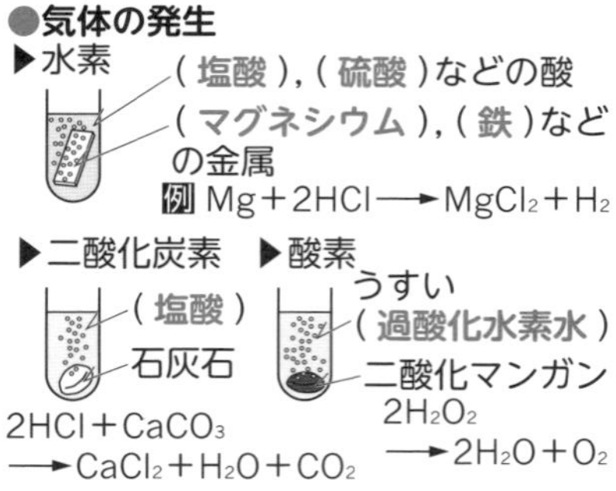

●気体の発生
▶水素
(塩酸)，(硫酸)などの酸
(マグネシウム)，(鉄)などの金属
例 $Mg+2HCl \longrightarrow MgCl_2+H_2$
▶二酸化炭素
(塩酸)
石灰石
$2HCl+CaCO_3 \longrightarrow CaCl_2+H_2O+CO_2$
▶酸素
うすい(過酸化水素水)
二酸化マンガン
$2H_2O_2 \longrightarrow 2H_2O+O_2$

2 次の□の中に言葉を入れなさい。

❶ 炭素を含(ふく)んでおり，加熱すると二酸化炭素と水を生じる物質を□という。
❷ 物質の体積 1 cm^3 あたりの質量を□という。
❸ 物質を溶(と)かしている液体を□という。
❹ 100 g の水に溶ける物質の最大限度の質量のことを□という。
❺ 空気より重く石灰水(せっかいすい)に通すと石灰水を白く濁(にご)らせる気体は□である。
❻ 水によく溶け水溶液はアルカリ性を示し，刺激臭(しげきしゅう)のある気体は□である。
❼ 最も軽く燃えると水ができる気体は□である。
❽ 固体が液体に変化する温度を□という。
❾ 液体が気体に変化する温度を□という。
❿ ろ紙による固体と液体の分離(ぶんり)方法を□という。

2	
❶	有機物
❷	密　度
❸	溶(よう)　媒(ばい)
❹	溶解度
❺	二酸化炭素
❻	アンモニア
❼	水　素
❽	融(ゆう)　点(てん)
❾	沸(ふっ)　点(てん)
❿	ろ　過

暗記カード 13 科学技術・自然と人間

1 次の図の(　　)の中に言葉を入れなさい。

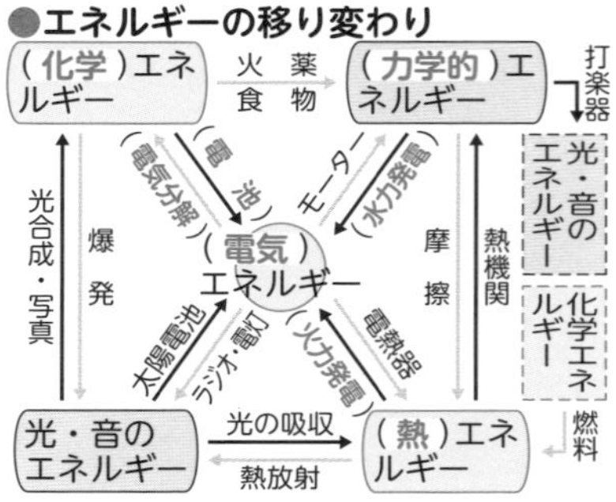

●エネルギーの移り変わり
(化学)エネルギー
火薬
食物
(力学的)エネルギー
打楽器
光・音のエネルギー
化学エネルギー
(電気)エネルギー
(電気分解)
(電池)
モーター
(水力発電)
太陽電池
ラジオ・電灯
(火力発電)
電熱器
光合成・写真
爆発
摩擦
熱機関
燃料
光・音のエネルギー
光の吸収
熱放射
(熱)エネルギー

●地球の温暖化と二酸化炭素
太陽光線
赤外線
大気
地球
太陽エネルギーは地表をあたためたのち，(赤外線)となり宇宙空間へ放出。
太陽光線
二酸化炭素の多い大気
地球
赤外線
(二酸化炭素)の赤外線を(吸収)する性質のため，熱が宇宙へ出ていかない。

2 次の□の中に言葉を入れなさい。

❶ 二酸化炭素やメタンなどがもつ，地表から出ていく熱を再び地表にもどす効果を□という。
❷ □により，地球の気温は上昇(じょうしょう)している。
❸ 宇宙からの紫外線(しがいせん)は□によって吸収される。
❹ 石油，石炭，天然ガスなどを□燃料という。
❺ ❹の燃料を燃焼(ねんしょう)することによって電気を得る発電を□という。
❻ ウランなどの核(かく)燃料の分裂(ぶんれつ)によって電気を得る発電を□という。
❼ 太陽光，風力，地熱など一度利用しても同じ状態で利用できるエネルギーを□という。
❽ 水質調査の指標になる生物を□という。
❾ 地震(じしん)の震源(しんげん)が海底の場合，□が発生することもある。

2	
❶	温室効果
❷	地球温暖化
❸	オゾン層
❹	化　石
❺	火力発電
❻	原子力発電
❼	再生可能エネルギー
❽	水生生物
❾	津(つ)　波(なみ)

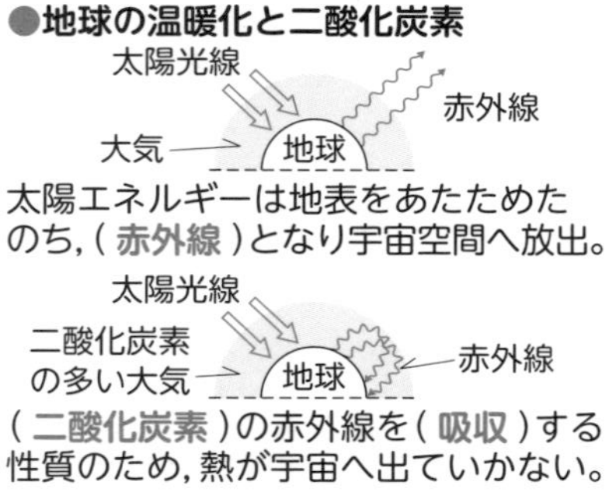

生物どうしのつながり

1 次の図の（　　）の中に言葉を入れなさい。

●**食物連鎖の数量関係**

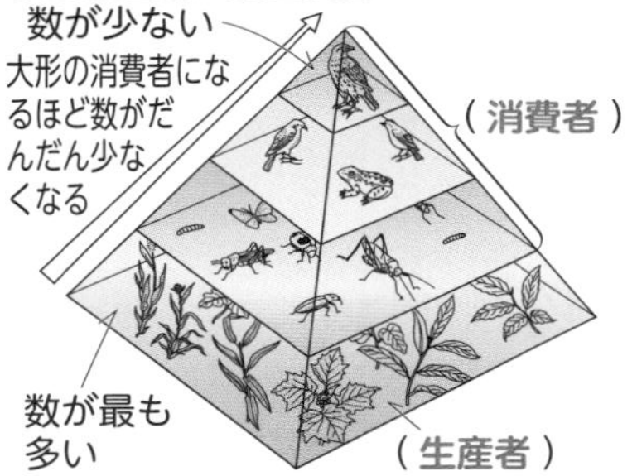

数が少ない
大形の消費者になるほど数がだんだん少なくなる
（消費者）
数が最も多い
（生産者）

●**生物のつりあい**

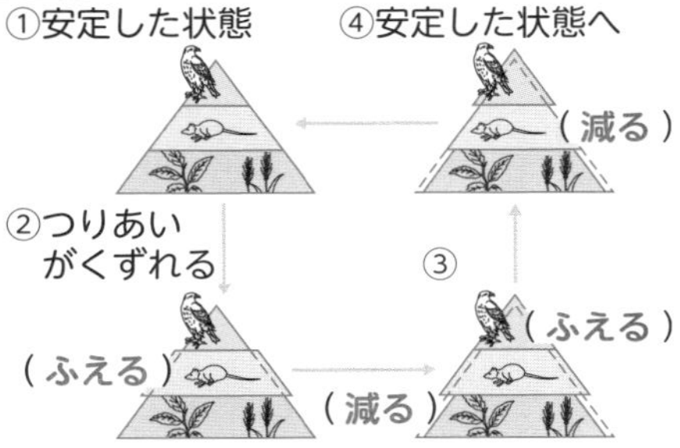

①安定した状態
②つりあいがくずれる
③
④安定した状態へ
（ふえる）（減る）
（ふえる）（減る）

2 次の□の中に言葉を入れなさい。

❶ 食べる・食べられるという生物どうしのつながりを□という。

❷ 植物は，光合成により□から有機物をつくり出すことができるので，生産者とよばれる。

❸ 動物は，生産者のつくり出した栄養分をとり入れて生活しているので□とよばれる。

❹ 菌類（きんるい）・細菌類は，生物の死がいなどの□を窒素（ちっそ）などの無機物に分解している。

❺ 植物，草食動物，肉食動物の数量関係は，植物を底辺とした□形になる。

❻ 炭素，酸素などは，光合成，呼吸，食物連鎖（れんさ）などを通して自然界を□している。

❼ 生態系において，その出発点になるのは生産者が□をもとに有機物をつくり出すことである。

2

❶	食物連鎖
❷	無機物
❸	消費者
❹	有機物
❺	ピラミッド
❻	循環（じゅんかん）
❼	太陽光エネルギー

③（ここで山折り）

暗記カード 5

原子・分子，化学変化

1 次の図の（　　）の中に言葉を，〔　　〕には化学式を入れなさい。

●**酸化銀の熱分解**

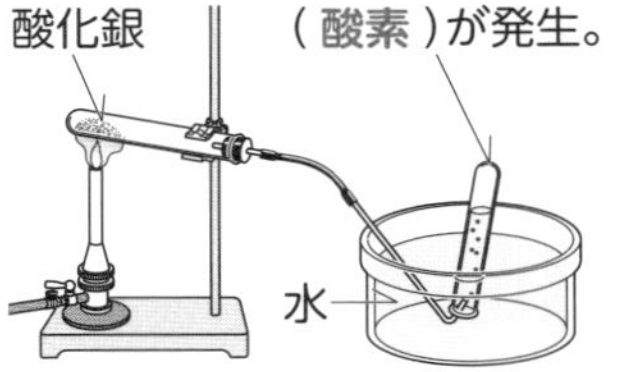

酸化銀
（酸素）が発生。
水

▶化学反応式
2〔Ag_2O〕
→ 4〔Ag〕+〔O_2〕

●**酸化と還元**

（酸素）
銅粉
空気調節ねじ
ガス調節ねじ

▶化学反応式
2〔Cu〕+〔O_2〕
→ 2〔CuO〕

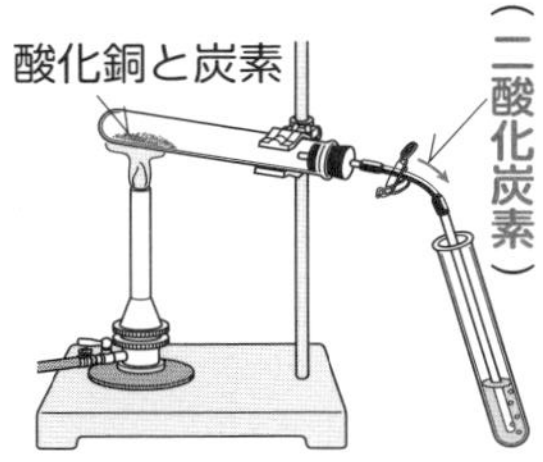

酸化銅と炭素
（二酸化炭素）

▶化学反応式
2〔CuO〕+ C
→ 2〔Cu〕+〔CO_2〕

2 次の□の中に言葉を入れなさい。

❶ 物質をつくっている，それ以上分けることのできない最小の粒子（りゅうし）を□という。

❷ 1 つの物質が 2 つ以上の物質に分かれる化学変化を□という。

❸ 酸化銀を加熱すると気体の□が発生する。

❹ 物質が光や熱を出しながら激しく酸素と結びつくことを□という。

❺ 酸化物が酸素を失う化学変化を□という。

❻ 1 種類の原子でできている物質を□という。

❼ 2 種類以上の原子からできている物質を□という。

❽ 原子の記号と数字を使って物質を表したものを□という。

❾ 化学変化を，化学式で表した式を□という。

2

❶	原子
❷	分解
❸	酸素
❹	燃焼（ねんしょう）
❺	還元（かんげん）
❻	単体
❼	化合物
❽	化学式
❾	化学反応式

化学変化と熱・質量との関係

1 次の図の(　　)の中に言葉や数値を入れなさい。

●化学変化と質量比

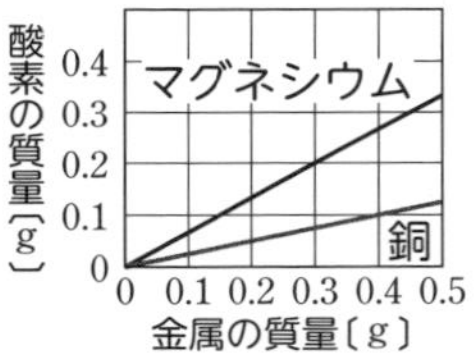

酸素の質量〔g〕 0.4 0.3 0.2 0.1 0
マグネシウム
銅
0 0.1 0.2 0.3 0.4 0.5
金属の質量〔g〕

銅：酸素＝(4)：(1)
マグネシウム：酸素＝(3)：(2)

●発熱反応

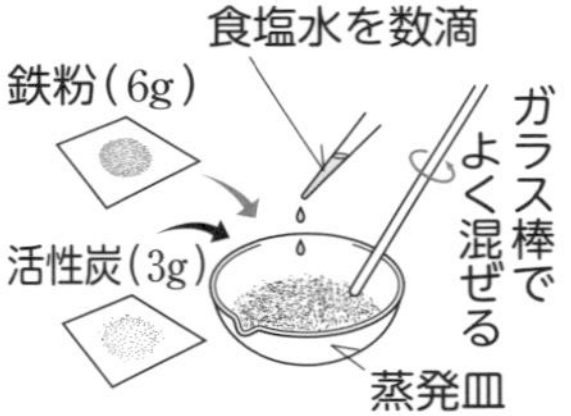

食塩水を数滴
鉄粉(6g)
活性炭(3g)
ガラス棒でよく混ぜる
蒸発皿

鉄粉が空気中の酸素と結びつくと(熱)が発生。

●吸熱反応

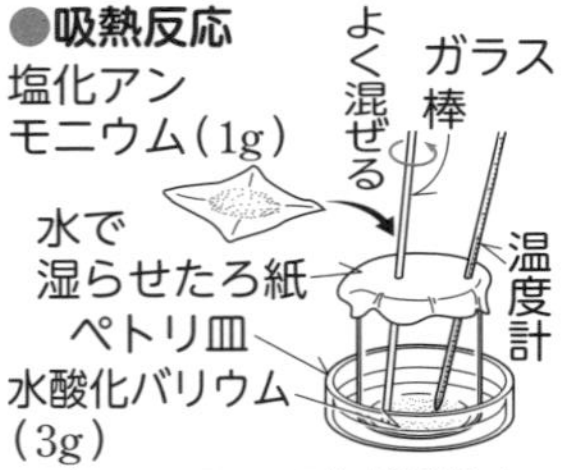

塩化アンモニウム(1g)
よく混ぜる
ガラス棒
水で湿らせたろ紙
温度計
ペトリ皿
水酸化バリウム(3g)

(アンモニア)が発生して，周囲の熱を(吸収)する。

2 次の□の中に言葉や数字を入れなさい。

❶ 熱が発生するような反応を，□という。
❷ 熱を吸収するような反応を，□という。
❸ 鉄と硫黄(いおう)の反応では，熱が□する。
❹ 化学変化の前後で，物質全体の質量は変わらないという法則を，□の法則という。
❺ 石灰石(せっかいせき)とうすい塩酸を密閉した容器内で反応させると，反応の前後で質量は□。
❻ 12.0 g の銅は，□g の酸素と完全に化合する。
❼ □g のマグネシウムを完全に酸化させると，10.0 g の酸化マグネシウムができる。
❽ 1.0 g の酸化銅を完全に還元(かんげん)させると，□g の銅が得られる。
❾ 水素と酸素とは，体積比□：1 の割合で完全に化合する。

2

❶	発熱反応
❷	吸熱反応
❸	発　生
❹	質量保存
❺	変わらない（変化しない）
❻	3.0
❼	6.0
❽	0.80
❾	2

生物のふえ方と遺伝

1 次の図の(　　)の中に言葉や数値を入れなさい。

●遺伝のしくみ

形質	両親(P)（純系）	F_1（雑種第1代）	F_2（F_1どうしの交配結果）
子葉の色	黄 × 緑	黄	黄：緑 ＝(3：1)
種子の形	丸 × しわ	丸	丸：しわ ＝(3：1)
種皮の色	有色 × 無色	有色	有色：無色 ＝(3：1)

A(大文字)→顕性
a(小文字)→潜性

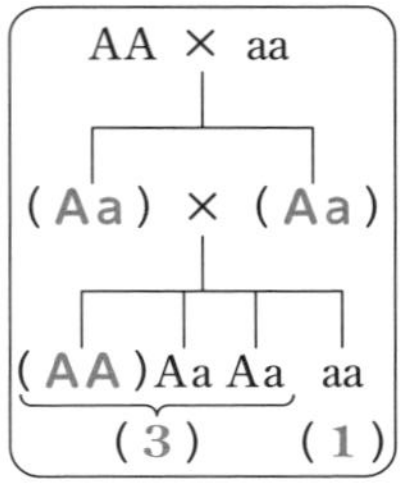

AA × aa
(Aa) × (Aa)
(AA) Aa Aa aa
(3)　(1)

2 次の□の中に言葉を入れなさい。

❶ 細胞分裂(さいぼうぶんれつ)のときに，□の中に現れるひも状のものを染色体(せんしょくたい)という。
❷ 雄(おす)と雌(めす)の受精による生物のふえ方を□という。
❸ 分裂など受精によらない生物のふえ方を□という。
❹ 子孫を残すための特別な細胞を□という。
❺ 染色体の数が半分になる特別な細胞分裂を□という。
❻ 受精卵は細胞分裂をくり返して□になる。
❼ 受精卵が親と同じような形になるまで成長する過程を□という。
❽ 親の形質が子どもに伝わることを□という。
❾ 形質は染色体の中にある□によって伝わる。
❿ 遺伝子の本体は□という物質である。

2

❶	核(かく)
❷	有性生殖(せいしょく)
❸	無性生殖
❹	生殖細胞
❺	減数分裂
❻	胚(はい)
❼	発　生
❽	遺　伝
❾	遺伝子
❿	DNA

暗記カード10 消化と吸収，呼吸と血液の循環

1 次の図の(　　)の中に言葉を入れなさい。

●唾液のはたらき

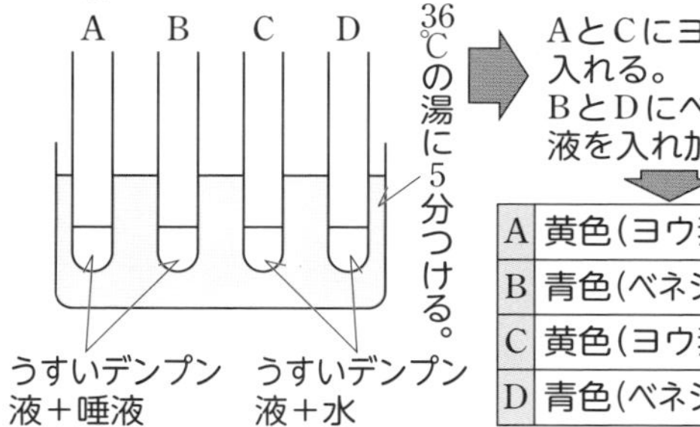

AとCにヨウ素液を入れる。
BとDにベネジクト液を入れ加熱する。

A	黄色(ヨウ素液の色)	➡	(変化なし)
B	青色(ベネジクト液の色)	➡	(赤褐色の沈殿)
C	黄色(ヨウ素液の色)	➡	(青紫色)
D	青色(ベネジクト液の色)	➡	(変化なし)

結論
唾液はデンプンを(糖)に分解する。

2 次の□の中に言葉を入れなさい。

❶ 細胞壁(さいぼうへき)，細胞膜(まく)，液胞(えきほう)のうち，植物の細胞と動物の細胞のどちらにも見られるのは□である。

❷ 消化液に含(ふく)まれていて，栄養分を分解する物質を□という。

❸ 消化されて最終的に，タンパク質は□に分解されて，体内に吸収される。

❹ 小腸の壁(かべ)には，□という突起(とっき)が無数にある。

❺ 肺には，気管が枝分かれした気管支の先端(せんたん)にある□という小さな袋(ふくろ)状のものが見られる。

❻ 心臓から全身に行って心臓にもどってくる血液の循環(じゅんかん)を□という。

❼ 血液の成分で酸素を運ぶのは□である。

❽ 有害なアンモニアは，肝臓(かんぞう)で□に変えられる。

❾ 尿素(にょうそ)は，□でこしとられて体外に排出(はいしゅつ)される。

2

❶	細胞膜
❷	消化酵素(こうそ)
❸	アミノ酸
❹	柔毛(じゅうもう)
❺	肺胞(はいほう)
❻	体循環
❼	赤血球
❽	尿素
❾	腎臓(じんぞう)

暗記カード7 電気分解と電池，水溶液とイオン

1 次の図の(　　)の中に言葉を，〔　　〕には化学式を入れなさい。

●塩酸の電気分解

(陽極)(陰極)
(塩素)が発生
(水素)が発生
炭素棒
うすい塩酸
電源装置
＋直流－

▶化学反応式
2〔HCl〕⟶〔H_2〕＋〔Cl_2〕

●中和

(酸の水溶液)
(アルカリの水溶液)
(水素)イオン
(水酸化物)イオン
水の分子

▶化学反応式
2〔H_2〕＋〔O_2〕⟶ 2〔H_2O〕

▶イオンを表す化学式
$H^+ + OH^-$ ⟶〔H_2O〕

2 次の□の中に言葉を入れなさい。

❶ 水溶液(すいようえき)にすると，電流を通す物質を□という。

❷ 塩化銅水溶液を電気分解すると，陽極からは塩素が発生し，陰極(いんきょく)には□が付着する。

❸ 原子が電子を失うと□イオンになる。

❹ 原子が電子を受けとると□イオンになる。

❺ うすい塩酸の中に銅板と亜鉛板(あえんばん)を電極にして電池をつくると，－極になるのは□のほうである。

❻ 水溶液にしたとき，水素イオン(H^+)を生じる物質を□という。

❼ 水溶液にしたとき，水酸化物イオン(OH^-)を生じる物質を□という。

❽ □の反応は，$H^+ + OH^- \longrightarrow H_2O$ で表す。

❾ 酸の陰イオンとアルカリの陽イオンが反応してできる物質を□という。

2

❶	電解質
❷	銅
❸	陽
❹	陰
❺	亜鉛板
❻	酸
❼	アルカリ
❽	中和
❾	塩(えん)

暗記カード 8 花のつくり，植物・動物の分類

1 次の図の(　　)の中に言葉を入れなさい。

●花のつくり

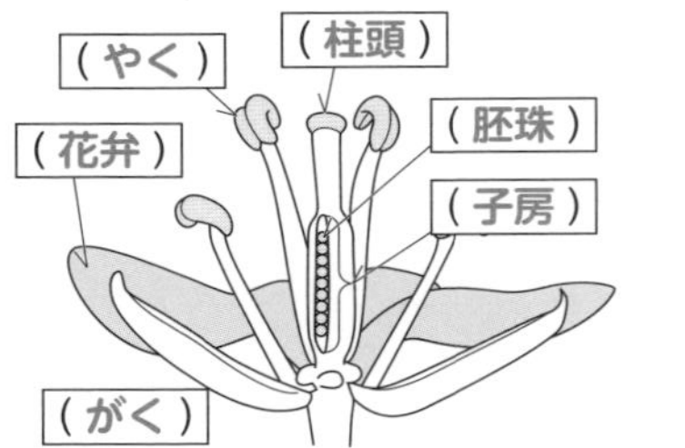

●セキツイ動物の分類

	皮　膚	呼吸器官	生まれ方
ほ乳類	毛でおおわれている	肺	(胎生)
鳥　類	(羽毛)	肺	卵　生
は虫類	うろこ こうら	(肺)	卵　生
両生類	粘液でおおわれている	(親)肺と皮膚 (子)えら	卵　生
魚　類	うろこ	(えら)	卵　生

2 次の□の中に言葉を入れなさい。

❶ おしべの先にあり，花粉が入っている小さな袋を□という。

❷ 花粉がめしべの柱頭につくことを□という。

❸ 種子植物のうち，胚珠(はいしゅ)が子房(しぼう)の中にあるものを□という。

❹ 種子植物のうち，胚珠がむき出しになっているものを□という。

❺ 被(ひ)子植物のうち子葉が1枚の植物を□という。

❻ 被子植物のうち，子葉が2枚の植物の根は主根と□からなる。

❼ シダ植物，コケ植物は□でふえる。

❽ 背骨のない動物を□という。

❾ からだが外骨格におおわれていて，節のあるあしをもつ動物を□という。

2

❶	やく
❷	受粉
❸	被子植物
❹	裸(ら)子(し)植物
❺	単子葉類
❻	側根
❼	胞(ほう)子(し)
❽	無セキツイ動物
❾	節足動物

暗記カード 9 植物と光合成，感覚器官

1 次の図の(　　)の中に言葉を入れなさい。

●葉のはたらき

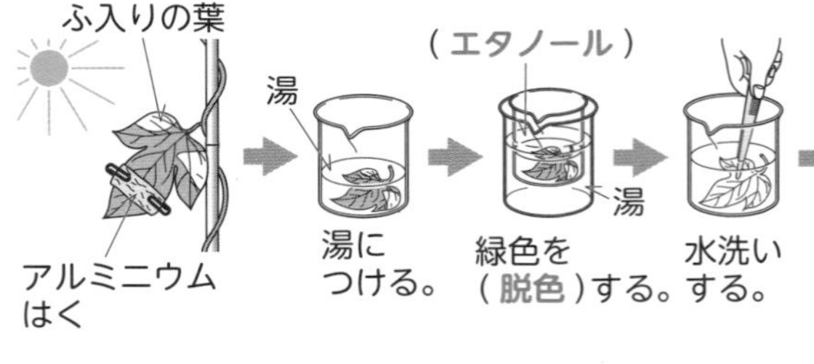

2 次の□の中に言葉を入れなさい。

❶ 植物は，□という小さな粒(つぶ)で光合成を行って栄養分をつくり出している。

❷ 植物は，酸素をとり入れて，二酸化炭素を出すという□を1日中行っている。

❸ 外界からの刺激(しげき)を受けとる器官を□という。

❹ ヒトの目のつくりで，刺激を受けとる細胞(さいぼう)がある部分を□という。

❺ ヒトの耳が受けとる刺激は□である。

❻ 中枢(ちゅうすう)神経は脳と□からなる。

❼ 受けとった刺激を信号として中枢神経に伝える神経を□という。

❽ 中枢神経から出された命令を筋肉に伝える神経を□という。

❾ 刺激に対して無意識に起こる反応を□という。

2

❶	葉緑体
❷	呼吸
❸	感覚器官
❹	網(もう)膜(まく)
❺	音
❻	脊(せき)髄(ずい)
❼	感覚神経
❽	運動神経
❾	反射

ひっぱると，はずして使えます。

中学3年間の理科

1 光・音・力のつりあい

本文 p.2

1 (1)ウ　(2)イ

2 (1)ウ
(2)強くした。

解説

1 (1)P点を出て光軸(こうじく)に平行に進んだ光は，凸(とつ)レンズを通った後，**焦点**(しょうてん)を通るように屈折(くっせつ)する。しかし，図3では，光は，P点を出て凸レンズのQ点に進んでいるので，凸レンズを通った後，焦点を通るように屈折しない。P点を出て凸レンズの中心を通る光(そのまま直進する)と光軸に平行に進む光(凸レンズを通った後，焦点を通る)を作図し，その交点(P点の像ができる点)を求める。P点を出てQ点に進んだ光はその交点を通る。

(2)スクリーンにうつる像は**実像**である。実像は上下左右が逆になるので，図2のフィルターを上下逆にし，さらに左右を逆にする。

2 (1)オシロスコープで音の振動(しんどう)を観察するとき，振動の中心からのふれはばを**振幅**(しんぷく)という。**エ**のように，波の最も高い部分から低い部分までの長さではないので注意すること。

(2)図2と図4を比べると，**振動数**は変化していない。振動数は音源が1秒間に振動する回数で，音の波形の山から次の山まで，または谷から次の谷までの時間が短いほど振動数は多くなる。振動数は音の高さによって変化するので，振動数が変化していないのは，音の高さが変化していないためである。一方，図2と比べて図4では振幅が大きくなっており，振幅が大きくなるのは音が大きくなった場合である。大きな音が出るのは，おんさを強くたたいた場合である。

POINT　同じおんさをたたいても音の高さは変わらないが，たたく強さによって音の大きさが変化する。

2 電流とそのはたらき

本文 p.4

1 (1)エ
(2)抵抗(ていこう)1…0.01 A
抵抗2…0.015 A
(3)0.025 A　(4)120 Ω
(5)抵抗1…0.03 W
抵抗2…0.045 W

2 ①イ
②イ

解説

1 (1)電流計は，抵抗1に直列に，電圧計は抵抗1に並列(へいれつ)につなぐ。

(2)**オームの法則**より，電流＝$\frac{電圧}{抵抗}$ で求める。

抵抗1… $\frac{3.0\ \mathrm{V}}{300\ \Omega} = 0.01\ \mathrm{A}$

抵抗2… $\frac{3.0\ \mathrm{V}}{200\ \Omega} = 0.015\ \mathrm{A}$

(3)並列回路では，(回路の各抵抗を流れる電流の和)＝(回路全体に流れる電流）になる。よって，電源に流れる電流は，

0.01 ＋ 0.015 ＝ 0.025〔A〕

(4)オームの法則より，抵抗＝$\frac{電圧}{電流}$ で求める。

$\frac{3.0\ \mathrm{V}}{0.025\ \mathrm{A}} = 120\ \Omega$

(5)電力〔W〕＝電圧〔V〕×電流〔A〕より，
抵抗1…3.0 V × 0.01 A ＝ 0.03 W
抵抗2…3.0 V×0.015 A＝0.045 W

2 陰極線(いんきょくせん)(電子線)は，**電子**の流れである。電子は－の電気を帯びた粒子(りゅうし)であるため，陰極線も－の電気を帯びている。よって，＋の電極に引きつけられる。

POINT　オームの法則は，基本の式である，電圧〔V〕＝電流〔A〕×抵抗〔Ω〕を変形して用いればよい。

3 電流と磁界

本文 p.6

1 (1) **エ**

(2) **回路全体の抵抗が小さくなり，コイルに流れる電流が大きくなるから。**

2 (1) ① **イ**

② **ア**

(2) ① **磁界**

② **誘導電流**

解　説

1 (1)電流の向きに右手の４本の指を合わせてコイルをにぎるようにすると，親指のさす向きが，コイル内部の磁界の向きとなる。コイルのまわりの磁界は，棒磁石の磁界のように，N極から出てS極に向かう向きに生じる。そのため，コイルの内側と外側では，磁界の向きが異なっている。

(2)スイッチ１と２を入れると，抵抗器Aと抵抗器Bが並列つなぎとなる。２つの抵抗を並列つなぎにすると，回路全体の抵抗は，２つの抵抗のどちらよりも小さくなる。よって，回路全体を流れる電流はスイッチ１を入れる前よりも大きくなり，電流によって生じる磁界も強くなる。

2 (1)ハンドルを逆向きに回すと，電流の向きも逆になるので，電流が受ける力の向きも逆になる。また，ハンドルをはやく回すと，生じる電流も大きくなるので，コイルを流れる電流が磁界から受ける力も大きくなる。そのため，コイルの動き方は大きくなる。

(2)モーター内の磁界の中をコイルが回転することで，コイル内部の磁界を変化させて，**誘導電流**を生じさせている。

POINT　**磁石の極の種類，または磁石の動く向きを逆にすると，生じる誘導電流の向きも逆になる。**

4 水圧と浮力・力の規則性

本文 p.8

1 (1)

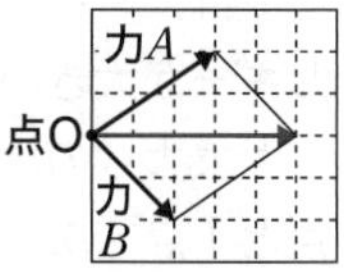

力A

点O

力B

(2) ① 5

② **大きく**

③ **小さく**

2 (1)

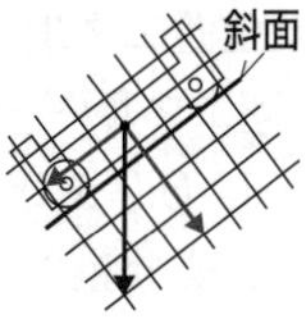

斜面

(2) 4 N

解　説

1 (1)力Aと力Bをそれぞれ１辺とした平行四辺形を作図する。このとき，平行四辺形の対角線が，力Aと力Bの合力を表す。

(2)力Aと力Bの間の角度が変わっても，力Aと力Bの合力は変わらない。

2 (1)物体が斜面上にある場合，物体にはたらく重力は，斜面に平行な分力と斜面に垂直な分力に分解される。

(2)斜面が台車をおし上げる垂直抗力は，重力の斜面に垂直な分力とつりあう力である。(1)の作図によって，斜面に平行な分力，斜面に垂直な分力，台車にはたらく重力の大きさは，それぞれ，辺の長さの比が３：４：５の直角三角形の辺で表されることがわかる。そうすると，台車にはたらく重力が５Nであるとき，斜面に平行な分力は３N，斜面に垂直な分力は４Nである。よって，斜面が台車をおし上げる垂直抗力は，４Nである。

POINT　**台車にはたらく斜面に平行な力，斜面に垂直な力はそれぞれつりあっている。**

5 物体の運動

本文 p.10

1 (1)エ
(2)①25　②50　③一定

解説

1 (1)さまざまな力のうち，物体に対してはたらく力を考える。まず，すべての物体には，地球による重力がはたらいている。図の中で，重力が示されているのは，**ウ**と**エ**である。次に，この重力は，斜面(しゃめん)に平行な分力と斜面に垂直な分力に分解されるが，このうち，斜面に垂直な分力がはたらくと，**作用・反作用の法則**によって，斜面が物体をおし上げる垂直抗力(こうりょく)が同時にはたらく。この垂直抗力が示されているのは，**エ**である。物体Aにはたらいている力は重力と垂直抗力のため，**エ**が正しいといえる。

(2)① 1 秒間に 50 打点する記録タイマーを用いた場合，5 打点記録するのにかかる時間は 0.1 秒である。Pは，2.5 cm 記録するのに 0.1 秒かかっていることから，

$$速さ〔cm/s〕= \frac{移動距離〔cm〕}{移動にかかった時間〔s〕}$$ より，

$$\frac{2.5\ cm}{0.1\ s} = 25\ cm/s$$

②斜面をくだる台車の運動では，台車につねに一定の大きさの斜面に平行な分力がはたらくため，台車の速さは一定の割合で増加していく。Qにおける平均の速さは，

$\frac{7.5\ cm}{0.1\ s} = 75\ cm/s$　PからQで増加した速さは，75−25=50〔cm/s〕である。斜面の角度が変わらないため，台車は 0.1 秒ごとに速さが 50 cm/s ずつ増加していく。

POINT 斜面上の物体の速さが一定の割合で増加するのは，斜面に平行な分力の大きさが一定だからである。

6 仕事とエネルギー

本文 p.12

1 (1)①2.0　②0.40　③2.0
(2)0.10 m/s

2 (1)ア　(2)0.5 倍

解説

1 (1)道具の使用にかかわらず，同じ物体を同じ高さまでもち上げるならば，最終的な仕事の大きさは等しい(**仕事の原理**)。実験１の仕事は，

10.0 N × 0.20 m = 2.0 J

よって，実験２の仕事も 2.0 J になることから，実験２で手を動かした距離(きょり)は，

2.0 J ÷ 5.0 N = 0.40 m

(2)実験２で仕事にかかった時間を求めると，
2.0 J ÷ 0.50 W = 4 s　手を動かした距離が 0.40 m であることから，手を動かした速さは，0.40 m ÷ 4 s = 0.10 m/s

2 (1)位置エネルギーは，物体の高さ，質量が大きいほど大きくなる。よって，同じ高さにあるときの球Aと球Bでは，質量の大きい球Aのほうが位置エネルギーが大きい。また，球Aの位置エネルギーが最大なのは，高さが最大になっているP点とT点である。

(2)図２の**ア**のグラフより，P点でもっている位置エネルギー(**力学的エネルギー**)は 0.2 J である。また，Q点での位置エネルギーは 0.12 J に減少しているが，この差の 0.08 J は，運動エネルギーに変化した位置エネルギーの大きさである。S点での位置エネルギーは 0.04 J で，力学的エネルギーは 0.2 J であるから，0.2−0.04=0.16〔J〕より，減少した位置エネルギー 0.16 J が運動エネルギーに変化している。よって，0.08÷0.16=0.5〔倍〕

POINT 位置エネルギーと運動エネルギーは互(たが)いに移り変わるが，その総量(力学的エネルギー)は一定である。

サクッ！と入試対策 ①

本文 p.13

1 (1) 51 m
(2) 変わらない。

2 (1) C
(2) エ

解 説

1 (1) 実験1でAさんが測定した時間は，ピストルの音が位置q（位置r）→位置p→位置q（位置r）という順に伝わった時間である。位置rで測定した時間のほうが0.30秒長かったことから，340 m/s × 0.30 s = 102 mだけ音が伝わった距離(きょり)が長い。これは，位置qから位置rまでの距離の2倍になっているので，位置qから位置rまでの距離は，102 ÷ 2 = 51〔m〕

(2) 下線部ⓑの時間は，ピストルの音が位置pからqまで伝わる時間と等しいので，位置pから位置qまでの距離を一定に保った場合，測定時間は変わらない。

2 (1) 図1で，電流の流れる向きに右ねじを進めると，右ねじをまわす向きに磁界が生じる。（導線を中心として，点Aから順にA→D→C→Bの向きに同心円状に磁界が生じる。）磁針のN極は磁界の向きに振(ふ)れるので，N極が図3のように左向きに振れるのは点Cの位置である。

(2) 右手の4本の指をコイルに流れる電流の向きに合わせる。この状態で右手でコイルをにぎりこむようにすると，親指のさす向きがコイルの内側にできる磁界の向きと等しくなる。また，コイルの外側の磁界の向きはコイルの内側の磁界の向きと逆になる。よって，SとTの点に置いた磁針の向きの正しい組み合わせは**エ**である。

POINT　Aさんが鳴らしたピストルの音が聞こえると同時にBさんがピストルを鳴らしたことに注意する。

サクッ！と入試対策 ②

本文 p.14

1 (1) 一直線
(2) 7.8 cm
(3) 30 g

2 (1) カ
(2) 0.20 N
(3) （物体）Z

解 説

1 (1) 力のつりあいの条件は，次の3つである。

- 2力が**一直線上**にある。
- 2力の大きさが**等しい**。
- 2力の向きが**反対**である。

(2) 表より，おもりの質量が20 g大きくなると，ばねの伸(の)びは1.2 cm大きくなる。20 gのおもり6個と10 gのおもり1個の合計の質量は130 gである。合計130 gのおもりをつるしたときのばねの伸びを x cmとすると，

20 : 130 = 1.2 : x より，x = 7.8〔cm〕

(3) ばねに x gのおもりをつるしてばねが3.0 cm伸びたとすると，

20 : x = 1.2 : 3.0 より，x=50〔g〕

物体は50 g軽くなると考えられるので，

80 − 50 = 30〔g〕

2 (1) 水圧は，水の深さが深いほど大きい。

(2) 0.50 − 0.30 = 0.20〔N〕

(3) 物体X，Zの質量は50 g，物体Yの質量は40 g。dの位置ではたらく浮力は，物体X，Yは0.20 N，物体Zは0.10 Nで，体積は，物体Z＜物体X＝物体Y。密度＝$\frac{質量}{体積}$ より，体積が等しい物体X，Yでは物体Xの密度が大きく，質量が等しい物体X，Zでは物体Zの密度が大きい。よって，密度が最も大きい物体はZである。

POINT　物体X～Zのうち，体積が等しいもの2つ，質量が等しいもの2つを比較(ひかく)する。

7 身のまわりの物質，水溶液

本文 p.16

1 (1)金属光沢がある，電気を通す，熱をよく伝える(から1つ)
(2)エ
2 (1)多い(大きい)
(2)77.6 g (3)24 %

解説

1 (1)金属の性質は次のとおりである。
・電気を通す(電気伝導性)。
・みがくと特有の光沢が出る(金属光沢)。
・たたくと広がる(**展性**)。
・引っ張るとのびる(**延性**)。
・熱を伝えやすい(熱伝導性)。

(2)金属Mの質量と体積をもとに，金属Mの密度を求め，図2のグラフに打点する。この打点と原点を結ぶ直線をひいたとき，線上に重なった点の物質が，金属Mである。密度が等しい物質は，同じ物質といえるからである。

$$密度〔g/cm^3〕= \frac{質量〔g〕}{体積〔cm^3〕}$$ より，金属Mの

密度は，$\frac{23.62\ g}{3.0\ cm^3} = 7.873\cdots〔g/cm^3〕$

小数第2位を四捨五入すると，7.9〔g/cm³〕
点(1，7.9)と原点を結ぶ直線とほぼ重なる物質は，**エ**の鉄である。

2 (1)塩化ナトリウムは，水温が変化しても溶解度があまり変化しないので，水溶液を冷やしても結晶を多くとり出すことはできない。これに対して，硝酸カリウムは，水温が下がると溶解度が小さくなるので，再結晶を利用して溶質の結晶を多くとり出すことができる。

(2)60 ℃と20 ℃の溶解度の差を求める。
$109.2 - 31.6 = 77.6〔g〕$

(3)$\frac{31.6\ g}{(31.6 + 100)g} \times 100 = 24.0\cdots〔\%〕$

POINT 質量パーセント濃度〔%〕
$$= \frac{溶質の質量〔g〕}{溶質の質量〔g〕+溶媒の質量〔g〕} \times 100$$

8 気体，物質の状態変化

本文 p.18

1 (1)ウ
(2)手であおぎながらにおいをかぐ。
2 (1)A
(2)①沸点 ②低いこと

解説

1 (1)アンモニアは水に非常に溶けやすい。そのため，図の装置で，丸底フラスコ内に水を入れると，装置内のアンモニアが水に溶ける。したがって，アンモニアの体積が減少して気圧が下がり，ビーカーから水が吸い上げられて噴き上がる。

(2)気体のにおいをかぐときは，有害なものもあるため，直接かぐことはせず，手であおぐようにしてにおいをかぐ。

2 (1)エタノールは引火性のある液体である。したがって，火がつきやすいものほど，エタノールを多く含むといえる。

(2)エタノールの沸点は約78 ℃，水の沸点は100 ℃である。これらの混合物を加熱していくと，78 ℃付近で沸騰が始まる。これは，混合物中のエタノールが沸騰しているためで，このときに試験管に集められた液体は，多くのエタノールを含む。また，約100 ℃になると，水の沸騰が始まる。このようにして，混合物を物質ごとに分ける方法を**蒸留**という。沸点は，その物質によって異なるため，蒸留では，物質による沸点の違いを利用して混合物を分けている。ただし，**純粋な物質**(**純物質**)に分けることはできないことに注意する。純粋な物質(純物質)とは，1種類の物質からできているものをいう。

POINT 融点や沸点は，物質によってそれぞれ異なる。純粋な物質(純物質)では一定の値をとるので，状態変化をするときの温度を測定することで，物質を見分けることができる。

9 原子・分子，化学変化

本文 p.20

1 (1) $2H_2O \longrightarrow 2H_2 + O_2$
(2) 矢印…③　化学変化…酸化(燃焼)
2 (1) 硫化水素　(2) X…化合物　Y…イ

解説

1 (1)化学反応式では，反応の前後で，原子の種類や数が等しくなるようにする。この実験では，水が分解されて，陰極から水素(気体A)，陽極から酸素(気体B)が発生する。

(2)気体Aは水素である。水素が燃えるとき，酸素と結びついて水ができる化学変化が起こっている。この化学変化は，酸素と結びついているため，酸化である。①と②の化学変化は，酸化物(酸化銅)から酸素が奪われているため，**還元**である。③の化学変化は，炭素が酸素と結びついて酸化物(二酸化炭素)ができているので，**酸化**である。③について，炭素の燃焼と考えることもできる。

2 (1)鉄と硫黄が結びついてできた硫化鉄(試験管A)にうすい塩酸を加えると，硫化鉄と塩酸が反応して，においのある気体(硫化水素)を生じる。一方，鉄と硫黄の混合物(試験管B)にうすい塩酸を加えると，鉄と塩酸が反応して，においのない気体(水素)を生じる。

(2)鉄と硫黄の混合物を加熱したときのように，2種類以上の物質が結びついてできる物質は**化合物**であり，2種類以上の元素からできている。銅を加熱すると，空気中の酸素と結びついて酸化銅ができる。酸化銀は酸素と銀に分解されるが，これらは**単体**である。炭酸水素ナトリウムは化合物の炭酸ナトリウム，二酸化炭素，水に分解される。水は，加熱すると状態変化して水蒸気になるが，これは化学変化ではない。

POINT 化学変化は，反応の前後で異なる物質を生じる。酸化，燃焼や分解，還元などがある。

10 化学変化と熱・質量との関係

本文 p.22

1 (1) 発熱反応
(2) ウ
2 (1) 3.72 g
(2) 1.00 g

解説

1 (1)化学変化では，必ず熱の出入りをともなうが，このうち，熱を放出する化学変化を**発熱反応**という。これに対し，熱を吸収する化学変化を**吸熱反応**という。

(2)化学変化により，熱を生成しているものを考える。**ウ**では，有機物の燃料が燃えることで，大量の光と熱を放出する燃焼が起こる。**ア**，**イ**，**エ**では，いずれも物質の変化をともなう化学変化は生じていない。

2 (1)化学変化に関わる物質の質量の割合は一定である。試験管Bより，2.00 gの酸化銀を加熱すると，1.86 gの物質(銀)が得られるので，2.00 gの2倍の量にあたる，4.00 gの酸化銀を加熱したときに得られる物質(銀)の質量も，1.86 gの2倍の量となる。したがって，試験管に残る物質の質量は，

$1.86 \times 2 = 3.72$〔g〕

(2)試験管Aより，1.00 gの酸化銀を加熱すると，生じる酸素の質量は，

$1.00 - 0.93 = 0.07$〔g〕

一方，実際の実験によって生じた酸素の質量は，$4.00 - 3.79 = 0.21$〔g〕であったため，0.21 gの酸素を生じるために必要な酸化銀の質量を x〔g〕とおくと，

$1.00 : 0.07 = x : 0.21 \quad x = 3.00$〔g〕

したがって，反応しなかった酸化銀の質量は，

$4.00 - 3.00 = 1.00$〔g〕

POINT 化学変化に関わる物質の質量の割合は一定である。また，化学変化の前後で物質全体の質量は変わらない。

11 水溶液とイオン

本文 p.24

1 (1)電解質　(2)ア　(3)イ
2 (1)ア，エ
(2)①ア　②ア　(3)H_2

解説

1 (1)塩化銅($CuCl_2$)は，水に溶(と)かすと，銅イオンと塩化物イオンに電離(でんり)する。
電離を表す式は，
$CuCl_2 \longrightarrow Cu^{2+} + 2Cl^-$
このように，電解質の水溶液(すいようえき)では，イオンを生じているため，電流が流れる。

(2)電子は，電源装置の－極から出て，＋極へ向かって移動する。

(3)塩化銅を電気分解したときの化学反応式は，
$CuCl_2 \longrightarrow Cu + Cl_2$
陽極からは，プールの消毒剤(しょうどくざい)のようなにおいがする気体(塩素)が発生し，陰極(いんきょく)では，銅が付着する。

2 (1)水酸化ナトリウム，塩化ナトリウムの電離は，次の式で表される。
水酸化ナトリウム…$NaOH \longrightarrow Na^+ + OH^-$
塩化ナトリウム…$NaCl \longrightarrow Na^+ + Cl^-$
砂糖とエタノールは，非電解質である。

(2)・(3)亜鉛板(あえんばん)から亜鉛原子が電極内に電子を放出して，うすい塩酸中に溶け出す。この電子が導線や電子オルゴールを伝って銅板に達する。ここで，銅板付近の水素イオンが，銅板から電子を受けとって水素原子となり，これらが２つ結びつき，水素分子となる。よって，電子はａの向きに移動するが，電子の移動の向きと電流の移動の向きは逆であるため，電流はｂの向きに移動する。したがって，この電池では，銅板が＋極の役割を果たしている。

POINT　電池では，異なる２種類の金属の組み合わせによって，＋極と－極が変化することに注意する。

12 酸・アルカリとイオン

本文 p.26

1 (1)塩化水素
(2)①カ　②H_2O
(3)エ

解説

1 (1)塩酸は，塩化水素(溶質(ようしつ))が水(溶媒(ようばい))に溶(と)けてできた酸性の水溶液(すいようえき)で，これは混合物である。

(2)① BTB 液は，酸性で黄色，中性で緑色，アルカリ性で青色を示す。実験のⅠで，酸性の塩酸に BTB 液を入れると，黄色を示す。このあと，アルカリ性の水酸化ナトリウム水溶液を加えたため，中和が起こり，水溶液は酸性から中性へと変化した。

②中和とは，酸の性質をもつ水素イオンとアルカリの性質をもつ水酸化物イオンが結びついて，中性の水ができる反応である。

$\underset{酸性}{H^+} + \underset{アルカリ性}{OH^-} \longrightarrow \underset{中性}{H_2O}$

(3) pH は，７のとき中性であることを意味し，それより小さい場合は酸性，それより大きい場合はアルカリ性であることを意味する。中性になった水溶液に水酸化ナトリウム水溶液を加えていくと，水溶液はアルカリ性になり，pH も大きくなる。また，水酸化ナトリウム水溶液には，ナトリウムイオンと水酸化物イオンが含(ふく)まれているので，さらに水酸化ナトリウム水溶液を加えていくと，実験のⅡの水溶液中のナトリウムイオンと水酸化物イオンの数が増加する。一方，塩酸は加えていないので，実験のⅡの水溶液中の塩化物イオンの数は変化しない。ただし，中和により，水素イオンの数は減少する。

POINT　酸性の水素イオンとアルカリ性の水酸化物イオンが結びついて中性の水ができる反応が中和である。

サクッ！と入試対策 ③

本文 p.27

1 (1) (順に)混合物，融点が決まった温度になっていないから。
(2) ウ

2 (1) 青色から赤色(桃色)
(2) ウ，エ

解　説

1 (1)加熱しているとき，状態変化をしていても温度が上昇し続ける物質は，混合物である。**純粋な物質(純物質)**は，状態変化している間，温度が一定である。

(2)状態変化しても，物質の質量は変化しない。②，③の結果より，液体から固体に変化すると，ろうの体積は小さくなっている。密度は，物質 1 cm^3 あたりの質量を表すので，質量が変化せずに体積が小さくなった場合，密度は大きくなる。

2 (1)塩化コバルト紙(青色)は，水の有無を調べるために用いられる。水にふれると赤色(桃色)に変化する。

(2)この実験では，水素＋酸素──→水　の反応が起こっている。
ア…酸化銀──→銀＋酸素　の反応が起こる。
イ…酸化銅＋炭素──→銅＋二酸化炭素　の反応が起こる。
ウ…炭酸水素ナトリウム──→炭酸ナトリウム＋水＋二酸化炭素　の反応が起こる。
エ…エタノール＋酸素──→二酸化炭素＋水　の反応が起こる。
エタノールは炭素，水素，酸素からできている有機物である。エタノールのほか，有機物の多く(ほかにメタン，プロパンなど)は，燃えると二酸化炭素と水を生じる。

POINT 状態変化しても，物質の質量は変化しない。一般に，体積は，固体→液体→気体　となるにつれて大きくなる。

サクッ！と入試対策 ④

本文 p.28

1 (1)
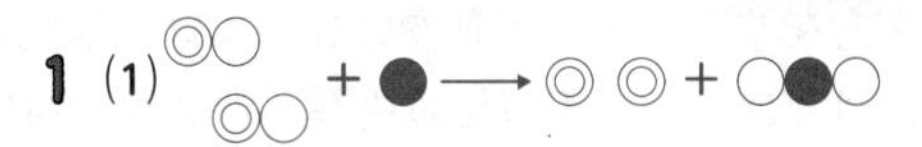
(2) 3.60 g

2 (1) $CuCl_2 \longrightarrow Cu + Cl_2$
(2) 名称…塩化物イオン
電気の種類…－

解　説

1 (1)酸化銅＋炭素──→銅＋二酸化炭素　の化学変化が起こっている。酸化銅は，銅原子と酸素原子が 1：1 の割合で結びついてできている。また，銅原子は分子をつくらないので，反応後の 2 個の◎は離して描く。

(2) 4.00 g の酸化銅に 0.30 g の炭素を加えて反応させた場合，生じる気体の質量は，
$4.00 + 0.30 - 3.20 = 1.10$〔g〕
したがって，0.30 g の炭素が二酸化炭素に変化すると，1.10 g になる。このことから，0.15 g の炭素が二酸化炭素に変化したときの質量を Y〔g〕とおくと，
$0.30 : 1.10 = 0.15 : Y$　$Y = 0.55$〔g〕
質量保存の法則より，反応の前後で物質全体の質量は変わらないことから，
$X = 4.00 + 0.15 - 0.55 = 3.60$〔g〕

2 (1)塩化銅──→銅＋塩素　の化学変化が起こっている。化学反応式では，反応の前後で，原子の種類と数が同じになるようにする。

(2)実験の④では，陽極付近に，漂白作用をもつ物質である塩素が発生している。塩素のもとになっているイオンは，塩化物イオンである。塩化物イオンは，陽極に引きよせられていることから，－の電気をもっていることがわかる。

POINT 化学変化をもとに質量を求めるときは，反応する物質の質量の割合や質量保存の法則を利用する。

13 植物のつくり

本文 p.30

1 (1) 種子植物
(2) B
(3) ① 胚珠
② ウ

2 (1) 根毛
(2) 根の表面積が大きくなるから。

解説

1 (1)花にある胚珠が，受粉後に種子に変化する。そのため，花が咲く植物は種子でふえる。このような種子をつくる植物をまとめて**種子植物**という。

(2)マツの花の花粉のうは，雄花のりん片に見られる。図1のAは雌花，Bは雄花，Cは1年前の雌花，Dはまつかさである。

(3)①図2のEは，マツの雌花のりん片である。マツの雌花のりん片には，胚珠がむき出しのままついている。このように，子房がなく胚珠がむき出しのままついている植物を，**裸子植物**という。

②図3で，**ア**は柱頭，**イ**はやく，**ウ**は胚珠，**エ**は子房，**オ**はがくである。アブラナは被子植物であるため，マツとは違い，胚珠が子房の中にある。

2 (1)根の先端には，綿毛に似た細い毛のようなつくりが見られる。これは**根毛**といい，根の表面積を大きくし，根による水の吸収をよくしている。また，ホウセンカの根は，**主根**と**側根**からなる。

(2)根毛があることにより，根が土にふれる面積を大きくふやすことができる。よって，土に含まれる水や無機養分(肥料分)を効率よく吸収することができるようになる。

POINT 種子植物は，共通して胚珠をもっている。子房の有無で，被子植物と裸子植物に分けられる。

14 植物・動物の分類

本文 p.32

1 (1) C
(2) 根のつくり…ア
葉脈の通り方…イ

2 (1) ウサギ
(2) ウ
(3) A

解説

1 (1)マツは，種子をつくる植物のうち，胚珠がむき出しの**裸子植物**である。

(2)Eのなかまは，胚珠が子房の中にある被子植物のうち，子葉が2枚あるから**双子葉類**である。双子葉類の植物は，根が主根と側根からなり，葉脈は網状脈という共通の特徴をもつ。**イ**のようなひげ根をもち，**ア**のような平行脈をもつ植物は，トウモロコシやイネなどの単子葉類である。

2 (1)子の産み方に着目すると，Dだけが胎生であり，卵ではなく子を産む。このようなふえ方をするセキツイ動物のなかまは，ほ乳類だけである。イモリは両生類，トカゲはは虫類，ハトは鳥類，メダカは魚類で，これらはすべて卵生である。

(2)からだの表面が粘液でおおわれた皮膚であることから，Bのなかまは両生類である。両生類の子は水中で生活するためえら呼吸であるが，成体(おとな)は陸上で生活するために，肺と皮膚で呼吸を行う。

(3)は虫類は，からだがうろこでおおわれている。陸上で生活するために肺呼吸で，卵生である。Eは，からだの表面がうろこでおおわれていて卵生だが，呼吸器官がえらなので，魚類である。

POINT 被子植物は，単子葉類と双子葉類に分けられ，双子葉類はさらに合弁花類と離弁花類に分けられる。

15 植物と光合成，感覚器官

本文 p.34

1 (1) X…蒸散　Y…裏　Z…表

(2) 7.8 mL

2 (1) 脊髄（せきずい）

(2) 運動神経

(3) (右図)

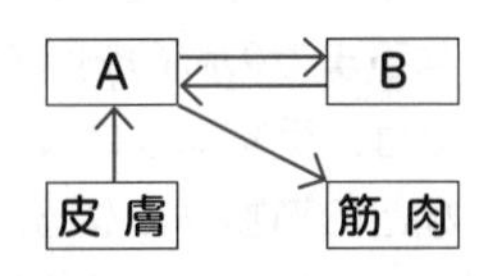

解説

1 (1)枝Aをさしたメスシリンダーで水が減少したのは，すべての葉の裏側と葉以外の部分で**蒸散**が行われたためで，枝Bをさしたメスシリンダーで水が減少したのは，すべての葉の表側と葉以外の部分で**蒸散**が行われたためである。よって，枝Bをさしたメスシリンダーよりも枝Aをさしたメスシリンダーで水の減少量が多かったのは，葉の表側よりも裏側に多くの**気孔**（きこう）が分布しているためと考えられる。

(2)枝Cをさしたメスシリンダーで水が減少したのは，葉以外の部分で蒸散が行われたためなので，ワセリンをどこにもぬらずに実験を行った場合の水の減少量は，枝Aでの水の減少量＋枝Bでの水の減少量－枝Cでの水の減少量＝ 6.6 ＋ 2.2 － 1.0 ＝ 7.8〔mL〕

2 (1)行動1は反射を表す。反射では，刺激（しげき）が脳に伝わる前に，脊髄で命令が出されるため，Aが脊髄であるとわかる。

(2)脊髄と筋肉をつなぐ神経を**運動神経**，脊髄と感覚器官をつなぐ神経を**感覚神経**という。

(3)行動2は，一般（いっぱん）的な反応で，反応は脳で判断する。感覚器官で受けた刺激は感覚神経を通って脊髄まで伝えられ，その後，Bの脳に伝わる。脳では，この刺激に対する反応を判断し，命令は，脊髄から運動神経を通って筋肉に伝えられる。

POINT 無意識に行われる反応を反射という。ひとみの大きさの変化など，無意識に行われるからだの調節も反射の1つである。

16 消化と吸収，呼吸と血液の循環

本文 p.36

1 (1) 対照実験

(2) ｉ…イ

ⅱ…ウ

2 (1) 筋肉がないから。

(2) 横隔膜（おうかくまく）

解説

1 (1)調べたい条件だけを変え，ほかは同じ条件で行う実験を，**対照実験**という。唾液（だえき）以外の条件を同じにして行うことで，実験結果が異なった場合には，その原因が唾液によるものであると判断することができる。

(2)唾液がデンプンにはたらいたかどうかを調べるためにはデンプンの有無を調べることができるよう，**ヨウ素液**を使って調べた実験結果を比べる。ヨウ素液は，デンプンが存在すると青紫（あおむらさき）色に変化する。また，唾液のはたらきによってブドウ糖がいくつかつながったものの有無を調べる場合には，**ベネジクト液**を用いた実験結果を比べる。ベネジクト液を加えて加熱したとき，ブドウ糖が存在すると赤褐（かっしょく）色に変化する。

2 (1)肺は，呼吸運動によって肺から外界への気体の出し入れを行うが，これは，横隔膜やろっ骨の動きによって，胸の空間(胸腔（きょうこう）)の体積を変えることで，肺をふくらませたり，縮めたり変化させて行っている。肺自体には筋肉がない。

(2)膜が下がることで，胸の空間の体積がふえる。これによって肺がふくらみ，外界から空気をとり入れる。図は，このしくみを表す模型であり，ゴム膜は横隔膜のはたらきを表している。

POINT ブドウ糖がいくつかつながったものにベネジクト液を加えると，加熱によって赤褐色に変化する。

17 生物のふえ方と遺伝

本文 p.38

1 (1) エ
(2) D→A→C→B
(3) **先端付近で細胞分裂して細胞がふえ，ふえた細胞が大きくなって根が伸びる。**

2 (1) **胚**
(2) イ

解説

1 (1)酢酸カーミン液などの染色液を使うことで，核や染色体が染まり，観察しやすくなる。
(2)細胞分裂が始まると，核の中に染色体が見えるようになる。(D)→染色体が中央に集まる。(A)→染色体が両端に分かれる。(C)→新しい核がつくられる。(B)
(3)根の先端の成長点付近では細胞分裂が盛んに行われているため，細胞分裂を終えたばかりの小さな細胞が多く集まっている。この細胞がしだいに大きくなるため，根が伸びていく。

2 (1)動物の場合，受精卵が細胞分裂を始めてから，自分で食物をとることができるようになるまでの間の個体を胚という。一方，植物では，受精卵が成長して，将来，根や茎，葉などの植物体になる部分のことを胚という。
(2)生殖細胞(精細胞や精子，卵細胞や卵)がつくられる場合には，染色体の数が半分になる**減数分裂**が行われる。よって，体細胞の染色体の数が22本あるヒキガエルの場合，生殖細胞がもつ染色体の数は11本である。精子と卵の核が合体して受精卵ができるが，この受精卵は，精子から11本，卵から11本の染色体を受けつぐため，合計22本の染色体をもち，体細胞と同数になる。

POINT 体細胞分裂…一般的な細胞分裂で，分裂の前後で染色体の数は変わらない。
減数分裂…染色体数が半分になる細胞分裂。

18 生物どうしのつながり

本文 p.40

1 (1) エ
(2) ① 減少
② 増加
③ 減少

2 (1) ① 菌
② 細菌
(2) **デンプンなどの有機物を，二酸化炭素などの無機物に分解するはたらき。**

解説

1 (1)**生産者**は，無機物から有機物をつくり出すはたらきをもつ生物であり，アブラナなどの植物があてはまる。モンシロチョウは，植物がつくり出した有機物を食べ物としてとり入れる。このように，植物がつくり出した有機物を，直接的，あるいは間接的にとり入れる生物を**消費者**という。また，消費者のうち，有機物を分解し，無機物に変えるはたらきに関わる生物を**分解者**という。ミミズは，土の中の有機物を細かくし，アオカビは有機物を無機物にまで分解する。
(2)消費者Aが増加すると，消費者Aが食べている生産者は減少し，消費者Aを食べている消費者Bは増加するが，長い時間をかけて，つりあいはもとにもどる。

2 (1)土を十分加熱することで，土の中にすむ小動物や微生物を死滅させることができる。
(2)加熱して微生物を減らした土で実験を行った場合よりも，微生物が多い土で行った実験のほうがデンプンが少なくなり，二酸化炭素が多いことから，土の中の微生物がデンプンを分解し二酸化炭素を生じさせたとわかる。

POINT 自然界の生物は，有機物や無機物との関わりやその役割から，生産者，消費者，分解者に分けられている。

19 科学技術・自然と人間

本文 p.42

1 (1)①オ　②イ　③エ
(2)放射線

2 537本

解説

1 (1)物質はすべて化学エネルギーをもっている。物質を燃焼(ねんしょう)させることで，物質がもつ化学エネルギーを光エネルギーや熱エネルギーに変換(へんかん)することができる。このうち，熱エネルギーを利用するのが火力発電である。燃料の燃焼によって生じた熱エネルギーを使って，水蒸気を発生させる。この水蒸気の力により発電機のタービンを回すことで，熱エネルギーを運動エネルギーに変換する。このタービンの運動によって発電機で電気を生み出し，運動エネルギーを電気エネルギーに変換する。よって，火力発電では，化学エネルギー→熱エネルギー→運動エネルギー→電気エネルギーという変換を利用している。
(2)**放射性物質**がはなつ放射線には，アルファ(α)線，ベータ(β)線，ガンマ(γ)線，エックス(X)線などがある。

2 1本の木が1年間で，光合成により吸収する二酸化炭素の量は，
$3.5 \times 150 = 525$〔kg〕
また，1本の木が1年間で，呼吸によって排出(はいしゅつ)する二酸化炭素の量は，葉からが，
$0.9 \times 150 = 135$〔kg〕
葉以外の部分からが，380 kg。合計で，
$135 + 380 = 515$〔kg〕　よって，1本の木が1年間で吸収する二酸化炭素の量は，$525 - 515 = 10$〔kg〕　これらから，必要な木の本数は，$5370 \div 10 = 537$〔本〕

POINT　植物は，光合成で二酸化炭素を吸収するが，同時に呼吸も行い二酸化炭素を排出していることに注意する。

サクッ！と入試対策 ⑤

本文 p.43

1 (1) X…種子植物　Y…裸子(らし)植物
(2)①ア　②イ
(3)ウ，エ
(4) A…胞子(ほうし)のう　B…胞子
(5)葉，茎(くき)，根の区別がない。

2 (1)植物のからだを支える。
(2)ウ

解説

1 (1)植物は大きく，種子植物と種子以外でふえる植物に分けられる。種子植物は胚珠(はいしゅ)がむき出しの裸子植物と，胚珠が子房(しぼう)の中にある被子(ひし)植物に分かれ，被子植物は，からだのつくりのさまざまな違(ちが)いから単子葉類と双子葉(そうしよう)類に分けられる。
(2)単子葉類の植物には，根がひげ根からなり，茎の維管束(いかんそく)は散らばっており，葉脈は平行になっているという共通の特徴(とくちょう)がある。
(3)イネとトウモロコシは単子葉類である。
(4)胞子のうで胞子がつくられる。
(5)**コケ植物**は，ほかの植物とは異なり，根，茎，葉のつくりがない。根に見える部分は**仮根**とよばれる部分で，岩などにからだを固定するはたらきをする。根がないために，水はからだの表面全体で吸収する。

2 (1)植物の細胞(さいぼう)の細胞膜(まく)の外側にある細胞壁(へき)には，植物のからだを支えるはたらきがある。
(2)植物の細胞には細胞壁があるが，動物の細胞にはない。葉緑体は，植物の葉の内部の細胞にはたくさん見られるが，表皮の細胞には存在しないものが多い。また，動物の細胞には，葉緑体は存在しない。

POINT　種子をつくらない植物には，シダ植物とコケ植物がある。コケ植物には，根，茎，葉の区別がない。

サクッ！と入試対策 ⑥

本文 p.44

1 (1)イ (2)オ

2 (1)ウ (2)無性生殖(せいしょく)

(3)AA，Aa

解 説

1 (1)筋肉の壁(かべ)が最も厚い左心室につながる血管**イ**である。

(2) 3 回の測定の平均は 16 回である。よって，1 時間＝ 3600 秒あたりに送り出す血液の量は，

$$70\,\text{mL} \times 16\,\text{回} \times \frac{3600\,\text{秒}}{15\,\text{秒}}$$

$= 268800\,\text{mL} = 268.8\,\text{L}$

2 (1)倍率が，10 倍から 40 倍へ 4 倍高くなっている。倍率が 4 倍高くなった場合，視野の縦と横が，それぞれ 4 倍の大きさに拡大されて見える。つまり，縦と横の長さがそれぞれ図 1 の $\frac{1}{4}$ の範囲(はんい)を，視野全体に拡大して見ることになる。

(2)受精をともなう**有性生殖**に対し，分裂(ぶんれつ)や，いもなどによる栄養生殖など，受精をともなわないふえ方をまとめて**無性生殖**とよぶ。

(3)純系の対立形質をもつ両親の遺伝子の組み合わせを，AA，aa とする。子の体色がすべて灰色になったことから，顕性(けんせい)形質は灰色であり，その遺伝子の組み合わせはすべて Aa である。Aa の遺伝子をもつ子どうしを交配すると，孫では，遺伝子の組み合わせは，下の図のように，AA(灰色)：Aa(灰色)：aa(褐色(かっしょく))＝ 1：2：1 の割合になる。

親2＼親1	A	a
A	AA	Aa
a	Aa	aa

POINT 純系の対立形質をもつ両親から生まれた子には，すべて一方の親の形質が現れる。この形質を顕性形質という。

20 火山と地震

本文 p.46

1 (1)**粘(ねば)り気(け)の違(ちが)い。**

(2)**玄武岩(げんぶがん)**

(3)**斑状(はんじょう)組織**

2 (1)**初期微動(びどう)**

(2)①S ②P ③**はやい**

(3)**イ**

解 説

1 (1)マグマの粘り気が弱いと，周囲に流れやすいために傾斜(けいしゃ)のゆるやかな火山となる。マグマの粘り気が強いと，周囲に流れにくく盛り上がった形の火山となる。

(2)流紋岩(りゅうもんがん)は，無色鉱物を多く含(ふく)むため白っぽい。一方，玄武岩は有色鉱物を多く含むため黒っぽい。

(3)火成岩のつくりには，火山岩の斑状組織と深成岩の等粒状(とうりゅうじょう)組織の 2 種類が見られる。粒(つぶ)の細かい石基の中に，肉眼でも見ることができる鉱物の比較的(ひかくてき)大きな結晶(けっしょう)(斑晶(はんしょう))が見られるつくりは，斑状組織である。

2 (1)地震(じしん)が起こると，最初に小さなゆれである初期微動が起こり，続いて大きなゆれである主要動が起こる。

(2)地震が起こると，初期微動をもたらす速さのはやい P 波と，主要動をもたらす速さのおそい S 波が同時に発生するが，P 波のほうが先に到達(とうたつ)する。よって，はじめに初期微動が伝わり，おくれて主要動が伝わる。

(3)初期微動継続(けいぞく)時間が短くなるほど震源(しんげん)に近くなる。観測地点 C が最も震源に近く，次いで観測地点 A，観測地点 B の順に近くなっている地点を求める。地震のゆれは波として伝わることから，**イ**が震央であると考えられる。

POINT 火山の形や噴火(ふんか)のようすは，マグマの粘り気で決まる。粘り気が強いほど，火山は盛り上がり，爆発(ばくはつ)は激しくなる。

21 地層のようす

本文 p.48

1 (1)しゅう曲　(2)エ
(3)イ→エ→ウ→ア

2 (1)ウ　(2)ウ

解説

1 (1)しゅう曲は，地層に大きな力がはたらいたために生じた曲がりである。

(2)フズリナは，古生代を代表する示準化石の1つである。生物が生息していた地質年代を推定する手がかりとなる化石である。

(3)しゅう曲と断層がA層には見られないことから，A層が堆積（たいせき）する前にしゅう曲と断層が起こっている。また，このしゅう曲と断層は，B層全体で起こっていることから，B層が堆積したあとで起こっている。しゅう曲は断層によりずれているので，しゅう曲が先に起こっている。

2 (1)Xは，日本から見て南側に位置するプレートで，フィリピン海プレートである。北アメリカプレートは，北海道を含（ふく）むプレート，太平洋プレートは，フィリピン海プレートの東側に位置する海洋プレート，ユーラシアプレートは，日本海や大陸を含むプレートである。

(2)東北地方では，海側のプレートが陸側のプレートの下に沈（しず）みこんでいる。これにより，陸側のプレートが引きずりこまれるため，陸側のプレートにひずみが生じる。このひずみが大きくなると，プレートがたえきれなくなり反発する。このときに，大きな地震（じしん）が発生する。このようなしくみによる震源（しんげん）の位置は，陸側のプレートと海側のプレートの境目付近に多く分布している。

POINT　示準化石…地層ができた地質年代を知る手がかりになる。
示相化石…地層が堆積した当時の環境（かんきょう）を知る手がかりとなる。

22 気象観測と天気の変化

本文 p.50

1 (1)78 %
(2)露点（ろてん）

2 (1)①東　②西　③くもり　(2)ア

解説

1 (1)湿度（しつど）は，その気温での飽和（ほうわ）水蒸気量のうち，実際に含（ふく）まれている水蒸気量がどれだけの割合にあたるかを表した値（あたい）であり，次の式で求められる。

湿度〔%〕＝

$$\frac{\text{空気 } 1\,\text{m}^3 \text{ 中に含まれている水蒸気量〔g/m}^3\text{〕}}{\text{その気温での飽和水蒸気量〔g/m}^3\text{〕}} \times 100$$

よって，$\frac{7.3\,\text{g/m}^3}{9.4\,\text{g/m}^3} \times 100 = 77.6\cdots$〔%〕

小数第1位を四捨五入して78 %

(2)空気中にそれ以上水蒸気を含みきれなくなり，水蒸気が水滴（すいてき）に変わり始めるときの温度を露点という。

2 (1)天気図記号での風向は，矢のたつ方位から吹（ふ）いてくるものとして表される。図2の場合，矢は東にたっているので，風は東から西に向かって吹いている。また，天気記号は，○が快晴，⦶が晴れ，◎がくもり，●が雨で表される。

(2)図1より，13日の9時以降に見られる急激な気温の低下やにわか雨，風向が北よりに変化したことなどから，通過した前線は寒冷前線である。寒冷前線は，寒気が暖気に向かってもぐりこむように進む前線である。そのため，暖気が上方におし上げられ，この空気の流れにそって，雲が発達する。これが積乱雲である。積乱雲はにわか雨をもたらす。
温暖前線が通過すると弱い雨が長時間降り，通過後気温は上がり，風は南よりになる。

POINT　寒冷前線の通過にともない，気温の低下，短時間の激しい雨，風向が北よりに変化するなどの変化が見られる。

23 日本の天気・圧力

本文 p.52

1 (1)海風
(2)かいろ側
2 (1)記号…C
圧力…4000 Pa
(2)2 倍
(3)小さくなる。

解説

1 (1)陸上はあたたまりやすく冷えやすい，海水はあたたまりにくく冷えにくい，という性質があるため，沿岸の地域においては，昼間に海から陸へ向かって吹(ふ)く海風，夜間に陸側から海へ向かって吹く陸風が観測される。
(2)あたたかい空気は密度が小さくなるため，上昇しやすくなる。よって，かいろの上部に上昇気流ができ，気圧が低くなるため，保冷剤(ほれいざい)側(がわ)から空気が流れこむ。

2 (1)圧力〔Pa〕＝ $\frac{\text{面を垂直におす力〔N〕}}{\text{力がはたらく面積〔m}^2\text{〕}}$ である。A，B，Cの面積はそれぞれ $0.01\,m^2$，$0.005\,m^2$，$0.0025\,m^2$ であるから，A，B，Cの圧力はそれぞれ，

$\frac{10\,N}{0.01\,m^2} = 1000\,Pa$,

$\frac{10\,N}{0.005\,m^2} = 2000\,Pa$,

$\frac{10\,N}{0.0025\,m^2} = 4000\,Pa$ である。

(2)圧力は面積に反比例するので，
$50\,cm^2 \div 25\,cm^2 = 2$〔倍〕

(3)上空へいくほど大気による重さが小さくなるので，大気圧は小さくなる。

POINT m^2 と cm^2 の関係を再度整理すると，$1\,m \times 1\,m = 1\,m^2$，$100\,cm \times 100\,cm = 10000\,cm^2$，$1\,m = 100\,cm$ だから，$1\,m^2 = 10000\,cm^2$ である。

24 天体の動き

本文 p.54

1 (1)日周運動
(2)午後 5 時 57 分
2 (1)北極星が地軸(ちじく)のほぼ延長上にあるから。
(2) b
(3)地球が公転しているから。

解説

1 (1)地球が西から東に1日に1回自転しているため，地球からは，天球上のすべての天体が東から西に1日に1回転しているように見える。この動きを，**日周運動**という。
(2)太陽は，一定の速さで天球上を移動して見える。60分(1時間)で6.0 cm移動することから，11.7 cm移動するのにかかる時間 x 分を求めると，$6.0:60 = 11.7:x$　$x = 117$〔分〕
117分＝1時間57分 より，日の入りは，午後4時の1時間57分後である。

2 (1)天球上の天体は，地球の地軸を中心にして，東から西に1日に1回転して見える。よって，地軸の延長上にある天体(北極星)は，その場にとどまり回転していないように見える。北の空では，北極星を中心にして，天体が反時計まわりに動いているように見える。
(2)北の空の天体は，同じ時刻，同じ地点で観察すると1か月で反時計まわりに30°移動して見える。そのため，11月22日の1か月後の同じ時刻には，Xの位置のカシオペヤ座はbの位置に見える。
(3)天体は，地球のまわりを1年で1周移動しているように見える。これは，地球が太陽のまわりを公転しているために起こる見かけの動きである。

POINT 日周運動…1時間に15°，東から西へ移動して見える。年周運動…1か月(同時刻)に30°，東から西へ移動して見える。

25 太陽系とその他の天体

本文 p.56

1 (1)**ファインダーや接眼レンズを直接のぞくこと。**

(2)①**黒点**

②**太陽が自転しているから。**

③**ア**

2 (1)**惑星**（わくせい） (2)**b** (3)**ア**

解説

1 (1)目を痛めるおそれがあるので，ファインダーや接眼レンズを直接のぞかない。

(2)①まわりよりも温度が低いため黒く見える。

②毎日同じ時刻に太陽を観測すると，黒いしみが移動して見えるのは，太陽が自転しているためである。

③太陽は，地球から見て東から西に自転して見える。図2よりも西に黒点が移動しているものを答えればよい。

2 (1)太陽のまわりには，水星，金星，地球，火星，木星，土星，天王星，海王星の8つの惑星がある。

(2)天体望遠鏡で観察しているため，実際は図1と上下左右が逆になっていることに注意する。地球から見て，左側が半分以上欠けて見えることから，bの位置とわかる。図2において，金星が太陽よりも左側に位置しているときは，金星の左側が欠けて見え，金星が太陽よりも右側に位置しているときは，金星の右側が欠けて見える。

(3)図1より，実際の金星は右側が大きく欠けて見えるため，地球から見て太陽の右側に位置している。金星が見える時刻と方位は決まっており，金星が太陽よりも右側に位置しているときは，明け方，東の空に観測できる。

POINT 金星は，地球よりも内側を公転している。そのために，地球からは真夜中に観測することができない。

サクッ！と入試対策 ⑦

本文 p.57

1 (1)**6時32分45秒** (3)**36秒後**

2 (1)**下がった。**

(2)**容器内の空気を抜**（ぬ）**くと，容器内の気圧が下がるので，温度が下がる。それによって容器内の温度が露点**（ろてん）**に達し，容器内の水蒸気が凝結**（ぎょうけつ）**したため，容器内がくもった。**

解説

1 (1)ゆれYを伝える波(S波)の速さは，

$$\frac{(150-60)\ \text{km}}{(55-25)\ \text{s}}=3\ \text{km/s}$$

B地点からA地点にS波が伝わるのにかかる時間は，$\frac{(120-60)\ \text{km}}{3\ \text{km/s}}=20\ \text{s}$

よって，6時32分25秒の20秒後となる。

(2)ゆれXを伝える波(P波)の速さを求めると，

$$\frac{(150-60)\ \text{km}}{(30-15)\ \text{s}}=6\ \text{km/s}$$

震源距離（きょり）が135 kmの地点までゆれYを伝える波(S波)が伝わるのにかかる時間は，

(1)より，$\frac{135\ \text{km}}{3\ \text{km/s}}=45\ \text{s}$

震源距離30 kmの地点にP波が伝わるのにかかる時間は，$\frac{30\ \text{km}}{6\ \text{km/s}}=5\ \text{s}$

地震発生から緊急（きんきゅう）地震速報が伝わるまでに$5+4=9$〔秒〕かかっている。

よって，$45-9=36$〔秒〕

2 (1)雲ができていることから，気圧が下がり，温度が下がっているとわかる。

(2)気圧の低下のため温度が下がり露点に達する。

POINT 雲のでき方…空気が上昇（じょうしょう）すると気圧が下がるため，温度が下がる。そのため露点に達し，雲ができる。

サクッ！と入試対策 ⑧

本文 p.58

1 (1)右図

(2)ウ→イ→ア

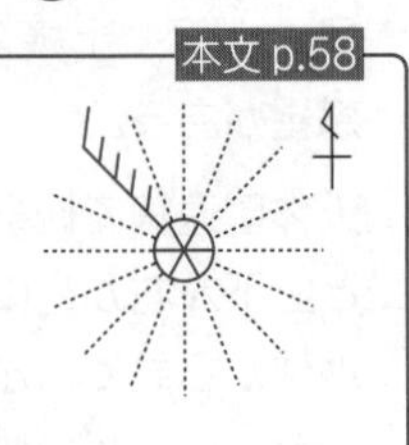

2 (1)ウ

(2)イ

解説

1 (1)風向が北西なので，天気記号の北西の位置に矢をたてる。また，風力を表す矢ばねは，時計まわりの方向から記入する。

(2)日本付近の高気圧や低気圧は，上空を吹く偏西風の影響で，西から東へ移動する。よって，次の日の天気図における低気圧や高気圧が，前日の天気図よりも西に少しずつ移動するように並べていく。**ア**に見られる低気圧は，12月11日に見られた低気圧とは別のものであることに注意する。

2 (1)午前3時の9時間前は，午後6時である。よって，午後6時に日の入りを迎える日時を見つける。グラフより，およそ9月末頃になることがわかる。

(2)地球の地軸は，公転面に対する垂線から23.4°傾いているために，太陽の動き方が季節によって変化する現象が見られる。北半球では，太陽の南中高度は夏至の日に最も高く，冬至の日に最も低くなる。昼の長さは夏至の日に最も長く，冬至の日に最も短くなる。

地球の地軸が公転面に対して傾いておらず，つねに垂直だとすると，地球と太陽の角度はつねに同じになり，赤道における太陽の南中では，毎日天頂に太陽がくるようになる。太陽の1日の動きも毎日同じになるため，昼と夜の長さも等しくなる。よって，日の出や日の入りの時刻が1年中同じになる。

POINT 季節による太陽の動きに変化が見られるのは，地球が地軸を傾けたまま公転しているからである。

高校入試模擬テスト ①

本文 p.60～63

1 (1)①反射　②入射

(2)

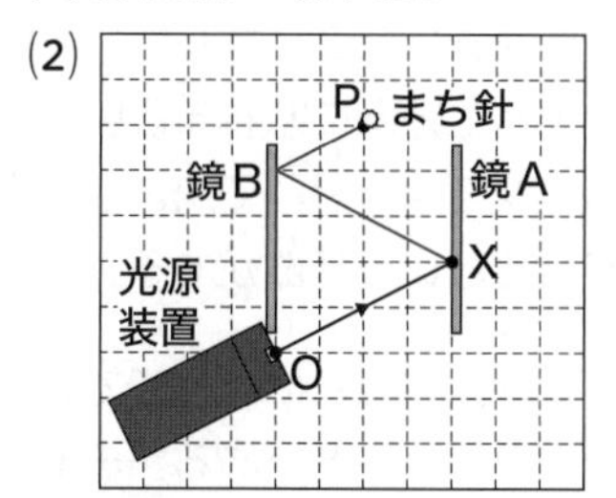

(3)5 回

(4)①全反射　②光ファイバー

2 (1)①上方置換法

②(例)空気より軽く，水に溶けやすい性質。

(2)イ

(3)①ア　②アルカリ性

③(例)(アンモニアが水に溶けて,)丸底フラスコ内の圧力が大気圧より低くなったから。

3 (1)エ

(2)①デンプン　②葉緑体

(3)(例)光合成による二酸化炭素の吸収量のほうが，呼吸による二酸化炭素の放出量よりも多くなり，溶液がアルカリ性となったから。

(4)イ→ウ→ア→エ

4 (1)鉱物

(2)イ

(3)(例)火山灰は，広い地域にわたって同じときに堆積するから。

(4)南西

(5)(右図)

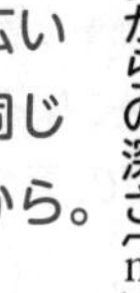

解　説

1 (1)鏡にあてた光は鏡の表面で反射する。このとき，入射角と反射角は等しい。これを**反射の法則**という。

(2)入射角と反射角が等しくなるように，光の道筋を描いていく。方眼紙上に作図する場合は，入射光と反射光の縦方向と横方向の目盛り(傾き)が等しくなるようにする。

(3)右の図のように，入射角と反射角が等しくなるように，光の道筋を描き，点Pから点Qにひいた直線と光の道筋が交わる回数を数える。

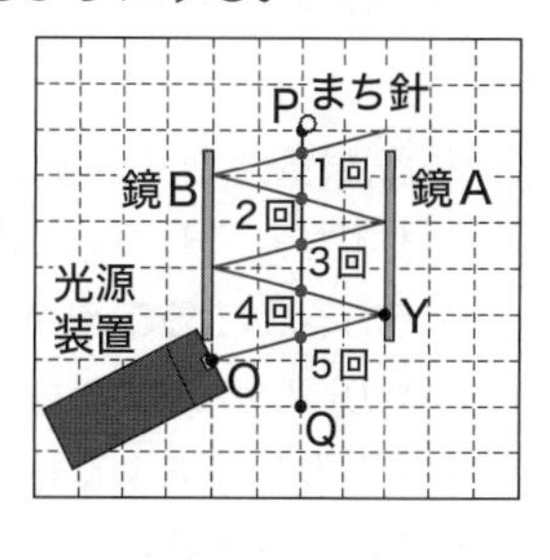

(4)①光が，水やガラスなどの物体から，空気中へ進むとき，入射角が一定以上大きくなると，水やガラスと空気との境界面を通り抜ける光がなくなり，すべての光が反射する。これを**全反射**という。

②光通信に用いられる光ファイバーは，全反射を利用している。光ファイバー中を進む光は，全反射するので，効率よく光を伝えることができる。

POINT　全反射は，光が，空気中から水やガラスなどの物体へ進むときには起こらない。

2 (1)①・②アンモニアのように，空気より軽く(空気より密度が小さく)，水に溶けやすい性質をもつ気体は，**上方置換法**で集める。気体の集め方には，このほか，**下方置換法**，**水上置換法**がある。下方置換法は，空気より重く(空気より密度が大きく)，水に溶けやすい性質をもつ気体を集めるのに適しており，水上置換法は，水に溶けにくい性質をもつ気体を集めるのに適している。

(2)アンモニアの化学式は NH_3 であり，窒素原子1個と水素原子3個からできている。**ア**は窒素分子，**ウ**は水分子，**エ**は二酸化炭素分子を表している。

(3)①・②アンモニアは水に溶けるとアルカリ性を示すので，フェノールフタレイン液は赤色になる。

③丸底フラスコ内のアンモニアが水に溶けると，丸底フラスコ内の気圧が下がり，水が吸い上げられる。

POINT アンモニアには，本文であげた性質のほか，無色で鼻をさすような刺激臭があるといった性質がある。

3 (1)試験管AとC，試験管BとDは，いずれもオオカナダモの有無以外はすべて条件が同じである。このことから，AとC，BとDに結果の違いが現れた場合，その原因はオオカナダモの有無によるものであることを確かめることができる。

(2)①ヨウ素液は，デンプンの有無を調べるために用いられる。デンプンがあると，ヨウ素液は青紫色を示す。

②光合成は，細胞の中の**葉緑体**で行われる。葉緑体で，二酸化炭素と水を原料にして，デンプンと酸素がつくられる。

(3)試験管Aのオオカナダモは呼吸を行っているため二酸化炭素を放出しているが，放出した量よりも多い量の二酸化炭素を光合成によって吸収するために，全体として水溶液中の二酸化炭素の量が減少する。水溶液中の二酸化炭素の量をBTB液で確かめる場合，緑色のBTB液が黄色に変化すると，水溶液中の二酸化炭素が増加したことがわかり，緑色のBTB液が青色に変化すると，水溶液中の二酸化炭素が減少したことがわかる。

(4)顕微鏡で観察するとき，対物レンズをプレパラートに近づけながらピントを合わせると，対物レンズやプレパラートを破損するおそれがある。これを防ぐために，あらかじめ対物レンズとプレパラートをできるだけ近づけておき，接眼レンズをのぞきながら，対物レンズをプレパラートから少しずつ遠ざけてピントを合わせる。なお，レンズをつけるときは，接眼レンズ→対物レンズの順につける。これは，鏡筒の内部にごみが入らないようにするためである。

POINT 対照実験では，調べたい条件だけを変え，ほかはすべて同じ条件で実験を行うことで，結果の違いの原因を確かめることができる。

4 (1)マグマからでき，結晶になったものを**鉱物**といい，その特徴からセキエイやチョウ石，クロウンモなどさまざまな種類に分けられる。セキエイは，無色または白色で不規則に割れるという特徴があり，チョウ石は，無色または白色で決まった方向に割れるという特徴がある。クロウンモは，黒色で決まった方向にうすくはがれるという特徴がある。

(2)生物の死がいなどがもとになってできた岩石には，**石灰岩**と**チャート**がある。チャートは，二酸化ケイ素を主成分として非常にかたく，うすい塩酸には反応しない。石灰岩は，炭酸カルシウムを主成分としてやわらかく，うすい塩酸に反応して二酸化炭素が発生する。

(3)火山灰は，非常に広範囲に堆積するため，遠く離れた地域の地層を比べるときに，同じ年代の目安とすることができる。

(4)A～C地点のそれぞれに１つだけ見られる火山灰の層について，それぞれのおよその標高を求めると，A地点では8m，B地点では9m，C地点では8mである。A地点とC地点における標高は等しいことから，A地点とC地点を結ぶ北西－南東方向には傾きはないと考えられる。一方，B地点における火山灰の層の標高だけ，9mと高くなっているので，この地域の地層は，南西の方向に向かって低くなっていると考えられる。

(5)(4)より，A地点とC地点を結ぶ北西－南東方向には傾きはないと考えられる。X地点は，A地点とC地点を結ぶ線上にあることから，X地点の地層の標高は，A(C)地点の地層の標高と同じになる。そうすると，X地点における火山灰の層のおよその標高は8mである。よって，地表からの深さ4mのところに火山灰の層を描き，それより浅い所の層はA地点の柱状図を参考にして層を描き，深い所の層はB地点の柱状図を参考にして描けばよいことになる。

POINT 傾きの向きを答える問題では，かぎ層について，それぞれ標高を求め，傾きを考えるとよい。

高校入試模擬テスト ②

本文 p.64〜67

1 (1)**体循環**
(2)**物質ア…酸素**
物質イ…栄養分(養分)
(3) b
(4)**柔毛**
(5) X…大きく　Y…吸収
(6)**(例)細胞の活動によってアンモニアが生じ，アンモニアが肝臓のはたらきによって尿素に変化する。**

2 (1)エ
(2)6 ℃
(3)**(例)風向が南よりから北(または西)よりに変わったこと。気温が急激に下がったこと。**

3 (1)128 g
(2)イ
(3)3.2 g
(4)25.3 %

4 (1)①3.0 A　②2160 J
(2)23.0 ℃
(3)①ア　②ア

解 説

1 (1)心臓→肺以外の全身→心臓の順に血液が循環する経路を**体循環**，心臓→肺→心臓の順に血液が循環する経路を**肺循環**という。
(2)酸素は各器官を通過すると減少するが，肺で酸素をとり入れたあとの血液だけは増加する。二酸化炭素は各器官を通過すると増加するが，肺で排出したあとの血液だけは減少する。栄養分は各器官を通過すると減少するが，小腸で栄養分を吸収したあとの血液だけは増加する。
(3)静脈血は，酸素の少ない血液であることから，肺に向かう前の血液である。動脈は，心臓から出る血液が流れる血管である。よって，右心室から肺へ向かう血管(肺動脈)を選ぶ。
(4)・(5)小腸の内側のひだの表面には，表面積を大きくする目的で，無数の柔毛がある。表面積を大きくすることで，栄養分の吸収効率を上げることができる。
(6)栄養分のうち，窒素を含むのはタンパク質だけである。このタンパク質がもとになり，体内では細胞の呼吸によってアンモニアができる。このアンモニアは有害であるため，肝臓で**尿素**につくり変えられる。尿素は腎臓でこしとられ，尿として排出される。

POINT　表面積を大きくするためのつくりは，柔毛や肺胞にみられ，その目的は栄養分の吸収効率や気体の交換効率を上げる点にある。

2 (1)気温が等しければ，湿度が低いほど空気中に含まれる水蒸気量は小さい。**イ**と**ウ**では，気温は同じであるが，**ウ**のほうが湿度が低いので，水蒸気量は小さい。**ア**と**ウ**と**エ**を比べると，ともに湿度は約 50 %である。湿度が等しい場合，気温が低いほど，空気中に含まれる水蒸気量は小さくなる。よって，**エ**となる。
(2)12時は，気温19 ℃，湿度45 %である。よって，空気中に実際に含まれている水蒸気量は，
16.3〔g/m^3〕× 0.45 = 7.335〔g/m^3〕
コップの表面に水滴がつき始める温度は，実際に含まれている水蒸気量が**飽和水蒸気量**に等しくなるときの気温である。よって，表より約 6 ℃と求められる。6 ℃の空気は，1 m^3 あたり 7.3 g までしか水蒸気を含むことができないので，1 m^3 あたり 7.335 − 7.3 = 0.035〔g〕 の水蒸気が水滴となってコップの表面につく。
(3)寒冷前線の通過によって一般的に見られる気象の変化には，気温が急激に下がる，短時間に強い雨が降る，風向が南よりから北よりに変わる，などがある。なお，温暖前線の通過によって一般的に見られる気象の変化には，気温が上がる，長時間におだやかな雨が降る，風向が南よりに変わる，などがある。

POINT　湿度は，その気温で含むことのできる水蒸気量に対する，実際に含まれている水蒸気量の割合(百分率)で表される。

3 (1) 7 %の塩酸 320 g に含まれる塩化水素の質量は，320〔g〕× 0.07 = 22.4〔g〕
22.4 g の塩化水素が全体の質量の 5 %に相当する塩酸をつくるためには，
22.4〔g〕÷ 0.05 = 448〔g〕より，
全体の質量を，448 g にすればよい。
よって，追加する水の質量は，
448 − 320 = 128〔g〕

(2)発生した二酸化炭素の質量＝(a)ではかった質量−(b)ではかった質量 より，発生した二酸化炭素の質量は，加える炭酸水素ナトリウムが 4.0 g になるまでは，炭酸水素ナトリウムの質量に比例して増加していく。また，炭酸水素ナトリウムを 4.0 g 加えたとき，炭酸水素ナトリウムと塩酸が過不足なく反応して 2.0 g の二酸化炭素が発生している。炭酸水素ナトリウムを 4.0 g 以上加えても，二酸化炭素の発生量は変化しない。

(3)炭酸水素ナトリウム 4.0 g と塩酸 35 cm^3 が過不足なく反応することから，塩酸 56 cm^3 に反応する炭酸水素ナトリウムの質量を x g とおくと，$4.0:35 = x:56$　$x = 6.4$〔g〕
実験では，炭酸水素ナトリウムが 4.0 g のときに発生する二酸化炭素の質量が 2.0 g なので，炭酸水素ナトリウムが 6.4 g のときに発生する二酸化炭素の質量を y g とおくと，
$4.0 : 2.0 = 6.4 : y$　$y = 3.2$〔g〕

(4) 209.9 − 208.8 = 1.1〔g〕より，発生した二酸化炭素の質量は 1.1 g である。実験から，2.0 g の二酸化炭素は 4.0 g の炭酸水素ナトリウムから生じることから，二酸化炭素 1.1 g を生じるために必要な炭酸水素ナトリウムの質量を x g とおくと，
$2.0 : 4.0 = 1.1 : x$　$x = 2.2$〔g〕
よって，ベーキングパウダー 8.7 g のうち，炭酸水素ナトリウムは 2.2 g 含まれているので，

$\dfrac{2.2\,\mathrm{g}}{8.7\,\mathrm{g}} \times 100 = 25.28\cdots$より，25.3〔%〕

POINT 化学変化に関わる物質の質量の割合は一定である。求める物質の質量を x g とおき，比例式を使って解く。

4 (1)①オームの法則より，
電流〔A〕＝電圧〔V〕÷抵抗〔Ω〕で求められる。よって，
6.0 V ÷ 2.0 Ω＝ 3.0 A
②発熱量〔J〕＝電力〔W〕×時間〔s〕より，
6.0 V × 3.0 A × 60 s × 2 = 2160 J

(2)ヒーターAとヒーターBの 10 分後の温度上昇を求めると，ヒーターAが
33.0 − 18.0 = 15.0〔℃〕，ヒーターBが
25.5 − 18.0 = 7.5〔℃〕となる。下の表より，抵抗の値が 2 倍になると，温度上昇は $\frac{1}{2}$ になっていることから，抵抗と温度上昇は反比例していることがわかる。よって，ヒーターCの抵抗はヒーターAの 3 倍なので，温度上昇はヒーターAの $\frac{1}{3}$ で，5 ℃となる。

	A	B	C
抵 抗〔Ω〕	2.0	4.0	6.0
電 圧〔V〕	6.0	6.0	6.0
温度上昇〔℃〕	15.0	7.5	5.0

(3)①実験を始めてから 2 分ごとの水温に着目すると，ヒーターAを用いた実験では，3 ℃ずつ上昇しており，ヒーターBを用いた実験では，1.5 ℃ずつ上昇している。よって，電圧を加えた時間が長くなると，それにともなって，水温も一定の高さずつ上昇するといえる。したがって，電熱線の発熱量は電圧を加えた時間に比例していることがわかる。
②実験結果をまとめると，下の表のようになる。

	A	B	C
抵 抗〔Ω〕	2.0	4.0	6.0
電 圧〔V〕	6.0	6.0	6.0
電 流〔A〕	3.0 ×3	1.5 ×1.5	1.0
温度上昇〔℃〕	15.0	7.5	5

これによると，流れた電流の大きさが 1.5 倍，3 倍になると，それにともなって，水の温度上昇も 1.5 倍，3 倍になっている。よって，電熱線の発熱量は流れた電流の大きさに比例していることがわかる。

POINT 電熱線の発熱量は，電圧を加えた時間と流れた電流の大きさに比例する。

高校入試模擬テスト ③

本文 p.68〜72

1 (1) X…A　Y…a　Z…Aa
(2) ① (丸：しわ＝)3：1　② エ

2 (1) ウ
(2) ① X…大きく(はやく)
Y…等速直線
② 82 cm/s
(3) 同じ速さになる。

3 (1) 月…エ　恒星…イ
(2) エ　(3) 午前 0 時頃(24 時頃)
(4) 方角…北　高度…70°　(5) ア

4 (1) Q
(2) $HCl + NaOH \longrightarrow NaCl + H_2O$
(3) ア

5 (1) (右図)
(2) (例) 草食動物に食べられる植物の数量が増加するので，全体の植物の数量は減少する。また，肉食動物が食べる草食動物の数量が増加したので，全体の肉食動物の数量は増加する。
(3) ① 呼吸　② ア，ウ，オ

解説

1 (1) 親はともに純系なので，丸い種子がもつ遺伝子の組み合わせは AA，しわのある種子がもつ遺伝子の組み合わせは aa である。分離の法則より，生殖細胞がつくられるとき，対になった遺伝子が分かれてそれぞれ別の生殖細胞に入るため，丸い種子がもつ精細胞の遺伝子は A，しわのある種子がもつ卵細胞の遺伝子は a である。これらが合体してできた受精卵の遺伝子の組み合わせは，Aa である。

(2) 受精卵の遺伝子の組み合わせが Aa であることから，子の遺伝子の組み合わせはすべて Aa である。子の自家受粉によって生じる孫の遺伝子の組み合わせとその割合は，

卵細胞＼精細胞	A	a
A	AA	Aa
a	Aa	aa

左下の表から，AA：Aa：aa = 1：2：1
対立形質をもつ純系の両親から生まれた子がすべて丸い種子であったことから，このエンドウの顕性形質は，丸い形質であるとわかり，A の遺伝子で表される。よって，AA，Aa，aa の遺伝子の組み合わせをもつ種子のうち，AA，Aa は，A の遺伝子をもっているため，丸い種子となり，A の遺伝子をもたない aa は，しわのある種子となる。このことから，
丸(AA + Aa)：しわ(aa) = (2 + 1)：1
= 3：1 となる。

> POINT 対立形質をもつ純系の両親から生まれた子に現れる形質が顕性形質であり，現れない形質が潜性形質である。

2 (1) 重力は，地球の中心に向かってはたらく。

(2) ① 一定の時間で切りとったテープの長さがだんだん長くなっているので，台車の速さは大きく(はやく)なっている。一定の速さで一直線上を動く運動は**等速直線運動**であり，図 2 では 9 本目から 11 本目までのテープで表されている。

② 使用した記録タイマーは 1 秒間に 60 回打点するので，1 回打点するのに $\frac{1}{60}$ 秒かかる。
よって，6 回打点するのにかかる時間は，
$\frac{1}{60} \times 6 = 0.1$〔秒〕
台車が 0.1 秒かかって 8.2 cm 進んでいるので，台車の平均の速さは，
$\frac{8.2\ \mathrm{cm}}{0.1\ \mathrm{s}} = 82\ \mathrm{cm/s}$

(3) 台車を静止させる位置の水平面の高さが同じとき，位置エネルギーも運動エネルギーも変わらないので，斜面をくだりきったあとの台車の速さは，実験の②のときと同じである。

> POINT 1 秒間に 60 回打点する記録タイマーを使用した場合，テープを 6 打点ごとに切りとり，台車の平均の速さを求める。

3 (1) 月は 1 か月で地球のまわりを 1 周しているため，地球から見ると，日ごとに西から東へ動いて見える。また，同時刻の星は，地球の公転によって，1 日に約 1° ずつ東から西へ移動して見える。

(2)月とシリウスとベテルギウスは，形を変えず，天球上の位置を南の空から西の空へ変える。

(3)同じ天体を観測すると，1時間ごとに東から西へ約15°ずつ移動し，同じ時刻に観測すると，1か月に約30°ずつ東から西に移動する。このことから，2月25日午後8時の2か月前，12月25日午後8時には，ベテルギウスは，30°×2＝60° 東に後退した位置にあった。この星が，図1の位置に見えた時刻は，60÷15＝4〔時間〕より，午後8時の4時間後の午前0時である。

(4)北緯（ほくい）90°の北極で地平線上に見えた星が，北緯0°の赤道上では天頂に見える。このことから，緯度が低くなる(南に移動する)につれ，星の高度は高くなるとわかる。北緯35°の地点で南の空での高度40°のシリウスを，緯度にして70°南下し，南緯35°の地点で観測すると，北緯35°の地点で高度40°に見えたシリウスが，南緯35°の地点では70°高くなって見えるので，南緯35°の地点で観測すると，南の空での高度は，

40°＋70°＝110°

これは，南の空から90°にある天頂を通り過ぎ，北の空にのぼり，北の空での高度が70°になっていることを意味する。

(5)月食は，太陽－地球－月 の順に一直線上に並び，月が地球の影（かげ）に入ることで起こる現象で，満月のときに見られる。図2から，3月1日の月は上弦（じょうげん）の月から3日程度経過したときに見られる形である。上弦の月から満月に変化するまで約1週間かかることから，図2の月が満月になるまでは，3～4日程度かかると考えられる。よって，最も近いものは3月4日となる。

POINT 月食は，太陽－地球－月の順 に一直線上に並んだときに見られ，日食は，太陽－月－地球の順 に一直線上に並んだときに見られる。

4 (1)水溶液（すいようえき）が濁（にご）ったことから，反応で生じた塩は水に溶（と）けやすい物質ではない。ビーカーDでは，次の化学変化が起こっている。

硫酸（りゅうさん）＋水酸化バリウム⟶硫酸バリウム＋水 この反応で生じる塩の硫酸バリウムは水に溶けにくいので，水中で電離（でんり）しない。

(2)塩酸＋水酸化ナトリウム⟶塩化ナトリウム＋水 の化学変化が起こる。反応の前後で，原子の種類と数が等しくなるようにする。

(3)ビーカーAとビーカーCの結果を比べると，同じ体積のうすい塩酸とうすい硫酸では，うすい塩酸のほうが2倍の量のうすい水酸化ナトリウム水溶液を中和できることがわかる。このことから，同体積では，うすい塩酸のほうがうすい硫酸よりも2倍の量の水素イオンを含（ふく）んでいると考えられる。よって，中和を始める前の水素イオンの数が図2の半数で，加えたうすい水酸化ナトリウム水溶液の体積が10 cm^3 となっているものを選ぶ。

POINT 中和は，水素イオンと水酸化物イオンが1：1の割合で結合し，水ができる反応である。

5 (1)草食動物が増加すると，草食動物が食べている植物の数量が減少する。一方，草食動物を食べている肉食動物は，食べ物がふえ，増加する。植物の面積が減少し，肉食動物の面積が増加するように作図できていればよい。

(3)①カビなどの菌類（きんるい），乳酸菌や大腸菌などの細菌類は，自然界にある死がいや排出（はいしゅつ）物などの有機物をとり入れ，これらを細胞（さいぼう）の呼吸によって分解することでエネルギーを得て生きている。この結果，有機物は，無機物の二酸化炭素や水などに分解される。このように，有機物の分解に関わる生物を，その役割から**分解者**という。

②植物→草食動物→肉食動物 の流れに関する矢印は，食物連鎖（れんさ）を表すため，有機物の流れである。すべての生物から排出されて大気に向かう一方，植物だけ大気からとり入れている矢印(**ア**，**ウ**，**オ**)は，無機物である二酸化炭素の流れを表している。**ア**は光合成による二酸化炭素の吸収，**ウ**と**オ**は，呼吸による二酸化炭素の排出である。また，**エ**の矢印は，死がいや排出物の流れで，有機物の流れである。

POINT あらゆる生物がとり入れている気体が酸素であり，排出している気体が二酸化炭素である。